LEÇONS

D'ARITHMÉTIQUE

THÉORIQUE ET PRATIQUE

LEÇONS D'ARITHMÉTIQUE

THÉORIQUE ET PRATIQUE

à l'usage

DES ÉLÈVES DE L'ENSEIGNEMENT SECONDAIRE SPÉCIAL
DES ÉLÈVES DE L'ENSEIGNEMENT PRIMAIRE SUPÉRIEUR
ET DES ASPIRANTES AU BREVET D'INSTITUTRICE

PAR

AUGUSTE MOREL

Ancien élève de l'École polytechnique,
Agrégé de l'enseignement secondaire spécial,
Professeur de mathématiques à l'École municipale Lavoisier
et à l'École préparatoire de Sainte-Barbe,
Ancien professeur à l'École normale de jeunes filles de Neuilly-sur-Seine

---

PREMIÈRE PARTIE

Correspondant au programme de première année de l'enseignement
secondaire spécial et au brevet élémentaire d'institutrice

PARIS

LIBRAIRIE CH. DELAGRAVE

15, RUE SOUFFLOT, 15

1880

PRÉFACE

———

Le Cours d'arithmétique que je publie aujourd'hui est le développement des leçons que j'ai professées pendant six ans à l'École normale de jeunes filles de Neuilly-sur-Seine. L'étude approfondie des exigences de cet enseignement m'a conduit à diviser ce Cours en deux parties : correspondant aux brevets d'institutrice et satisfaisant en même temps aux programmes de l'enseignement secondaire spécial et à celui de l'enseignement primaire supérieur. La première partie, donnée actuellement, comprend l'exposé des notions utiles pour le brevet élémentaire et la première année d'enseignement spécial. Les opérations fondamentales d'arithmétique y sont étudiées au point de vue théorique ; mais les parties délicates de l'étude des nombres premiers, les proportions, les racines, etc., ont été omises à dessein. Les règles usuelles ont été traitées avec beaucoup de détails ; mais on a cru indispensable d'habituer les élèves à ramener à la forme de règle de trois toutes les questions pratiques d'intérêt, d'escompte, etc.

Dans une seconde partie, je complèterai l'étude de l'arithmétique, reprenant la théorie des nombres premiers et en général les théories que j'ai dû laisser de côté dans cet ouvrage. Elles n'admettront soit aux aspirantes au brevet supérieur, c'est-à-dire à des élèves déjà familiarisés avec l'arithmétique et les raisonnements.

Les différents chapitres relatifs aux règles usuelles et le livre lui-même sont terminés par de nombreux problèmes choisis exclusivement dans les questions qui ont été proposées par les commissions d'examen depuis un certain nombre d'années. La solution de ces exercices deviendra facile aux élèves, s'ils se reportent aux développements donnés dans le corps de l'ouvrage, et ils y trouveront la préparation la plus efficace aux épreuves des examens.

A. MOREL.

LEÇONS
D'ARITHMÉTIQUE

THÉORIQUE ET PRATIQUE

INTRODUCTION

1. On appelle *grandeur* ou *quantité* tout ce qui est susceptible d'augmentation ou de diminution.

Les groupes d'objets de même espèce, les longueurs, les surfaces, les volumes, les poids, sont des grandeurs.

2. Certaines quantités sont, de leur nature, divisées en parties distinctes ; on les appelle *grandeurs discontinues*. Telles sont, par exemple, *une pile de livres, un groupe d'élèves*, qui se partagent naturellement en parties distinctes, *le livre, l'élève*.

Chacune des parties dans lesquelles se décompose naturellement une pareille grandeur s'appelle *l'unité* de l'espèce d'objets considérés.

Chercher combien la grandeur considérée contient d'unités, c'est *compter* ces unités. Le résultat de cette opération est exprimé par ce que l'on appelle un *nombre*.

3. D'autres quantités ne sont pas, par elles-mêmes, divisées en parties distinctes ; on peut les partager comme on veut ; il en résulte qu'elles peuvent être augmentées ou diminuées à volonté. On les appelle *grandeurs continues*.

Ces quantités se *mesurent* de la manière suivante: on prend pour unité une grandeur de même espèce, et si l'on a plusieurs unités semblables, on les porte l'une à la suite de l'autre autant de fois que ce sera possible sur la grandeur à mesurer. Par exemple, pour mesurer la *longueur* d'une étoffe, on prend une unité de longueur que l'on appelle le *mètre*, et on place plusieurs mètres l'un à la suite de l'autre sur le bord de l'étoffe. Dans la pratique, on se contente de marquer le point précis où arrive la première unité, et de reporter cette même unité à partir de ce point toujours dans le même sens. On répète l'opération autant de fois que cela est possible, et en comptant combien on a fait de ces opérations, on a le *nombre* de mètres contenus dans l'étoffe considérée.

4. Dans le cas où l'on mesure des quantités continues, il peut très bien se faire que, au bout d'un certain nombre d'opérations, on n'ait pas amené l'unité précisément à l'extrémité de la grandeur à mesurer, mais que si l'on cherche à faire une opération de plus, on dépasse cette extrémité. Dans ce cas, pour mesurer la dernière partie, on est obligé de changer d'unité; alors on suppose que l'on ait divisé l'unité première en un certain nombre de parties égales, et que l'on mesure ce qui reste en prenant l'une de ces parties pour unité. Si l'on trouve que cette nouvelle unité est contenue exactement un certain nombre de fois dans le reste, on dit que la grandeur à mesurer contient *des unités et une fraction de l'unité*, et le nombre qui exprime sa mesure s'appelle un *nombre fractionnaire*. Par opposition, si la grandeur contient *exactement* une ou plusieurs unités, on dit qu'elle est mesurée par un *nombre entier*. C'est ce qui arrive toujours pour les quantités discontinues, d'après la définition que nous avons donnée de leur unité; ce fait peut aussi se présenter pour les grandeurs continues.

5. Un nombre peut indiquer seulement combien de fois la grandeur considérée contient son unité, sans faire connaître la nature de cette unité. On dit alors que le nombre est *abstrait*. Ainsi *sept* est un nombre abstrait; il peut aussi bien indiquer le nombre de moutons conte-

nus dans un troupeau, que le nombre de mètres contenus dans une longueur, etc.

Si au contraire on fait suivre le nombre du nom de l'unité employée, on a ce que l'on appelle un nombre *concret ;* cette expression nous fait connaître à la fois l'espèce de la grandeur, l'unité choisie, et la mesure de cette grandeur ; ainsi l'expression *sept mètres* nous apprend à la fois que l'on a dû mesurer une *longueur*, que l'on a pris pour unité le *mètre*, et que la grandeur contient *sept* fois cette unité.

6. L'*arithmétique* est la science qui se propose d'étudier les principales propriétés des nombres, ainsi que les moyens de les combiner entre eux.

7. Ajouter, soustraire, multiplier et diviser, telles sont les quatre *opérations* fondamentales de l'arithmétique. Toutes les questions que l'on peut se proposer sur les nombres reviennent à pratiquer une ou plusieurs de ces opérations. Appliquer ces opérations à des nombres particuliers, c'est faire un *calcul*.

8. On regarde comme évidentes les vérités ci-après, sur lesquelles on s'appuiera constamment dans le cours:

Le tout est plus grand que l'une quelconque de ses parties.

Le tout est égal à la réunion de toutes ses parties, quel que soit l'ordre dans lequel on les prend.

Deux quantités respectivement égales à une troisième sont égales entre elles.

CHAPITRE PREMIER

Numération.

9. **Pour** former les nombres entiers, on peut s'y prendre de la manière suivante : à l'unité on ajoute l'unité, puis au nombre ainsi formé on ajoute encore l'unité, et ainsi de suite. Chacun des nombres entiers s'obtient donc en ajoutant l'unité au nombre précédent. Il en résulte que *la suite des nombres entiers est illimitée.*

La suite des nombres entiers étant illimitée, il est impossible de donner un nom particulier à chacun d'eux, et de le représenter par un signe spécial, même en ne s'occupant que de ceux dont on a le plus fréquemment besoin dans les applications usuelles de l'arithmétique. On a donc cherché, à l'aide de certaines conventions, à énoncer tous les nombres au moyen de quelques mots seulement, et à les écrire au moyen de quelques caractères. Tel est l'objet de la *numération.* En raison du double but qu'elle se propose d'atteindre, elle se divise naturellement en deux parties : *numération parlée* et *numération écrite.*

10. *Numération parlée.* — Dans la numération parlée, nous commencerons par donner des noms particuliers aux premiers nombres formés d'après la méthode que nous avons indiquée ci-dessus. A l'unité ou *un*, nous ajoutons une unité, ce qui nous donne le nombre *deux ;* à deux, nous ajoutons encore l'unité, ce qui nous donne *trois.* Les nombres suivants, formés de la même manière, sont dans l'ordre où ils sont obtenus: *quatre, cinq, six, sept, huit, neuf, dix.*

Nous considérerons le nombre formé de *dix* unités comme un nombre d'espèce nouvelle, que nous appellerons *dizaine ;* nous grouperons par dizaines, autant de fois que cela sera possible, les objets à compter. En général, au bout d'un certain nombre de ces opérations partielles, il nous restera un groupe contenant moins de dix unités.

Puis, reprenant les groupes de dix unités, nous compterons par dizaines comme nous avons compté par unités ; nous dirons : *une dizaine, deux dizaines,* etc., jusqu'à ce que nous ayons formé un groupe de dix dizaines, groupe que nous appellerons une *centaine.* Nous répéterons cette opération sur les dizaines autant de fois que possible, et il nous restera en général un groupe de dizaines contenant moins de dix dizaines.

Puis nous opérerons sur les centaines comme nous avons opéré sur les unités et les dizaines ; la réunion de dix centaines formera un groupe nouveau que nous appellerons les *mille.*

La loi de formation des divers groupes, ou, selon l'expression usitée, des divers *ordres d'unités* est très simple : *dix unités d'un certain ordre forment une unité de l'ordre immédiatement supérieur.* On peut continuer à grouper les unités en ordres de plus en plus élevés, en suivant toujours la même loi. On aurait pu donner des noms particuliers aux ordres nouveaux que l'on forme ainsi, mais afin de restreindre encore le nombre des mots différents à retenir, on considère le groupe des unités formées jusqu'aux mille comme formant les unités de la première classe ; le mille est une unité tout à fait nouvelle, et l'on compte par *unités de mille, dizaines de mille, centaines de mille ;* de même que l'on a donné un nom nouveau au groupe de dix centaines, on donnera un nom particulier au groupe de dix centaines de mille, on l'appellera *million,* et on compte par unités de millions, dizaines de millions, centaines de millions ; un groupe de dix centaines de millions a reçu un nom nouveau, le *billion,* et ainsi de suite.

11. En résumé : on forme des groupes successifs tels que *dix unités d'un groupe forment une unité du groupe suivant ;* on divise ces unités successives en groupes de trois, à partir des plus petites unités ; le premier terme

de chaque groupe reçoit *seul* un nom spécial : *unité, mille, million,* etc. Les deuxième et troisième éléments de chaque groupe ont été désignés au moyen du premier, et de la dénomination uniforme *dizaine* et *centaine.* Ainsi on a :

1er *Groupe :* unités, dizaines, centaines ;

2° *Groupe :* mille, dizaine de mille, centaine de mille ;

3e *Groupe :* million, dizaine de million, centaine de million, etc.

Ces unités de nom simple sont souvent appelées *unités ternaires ;* la réunion des trois ordres d'unités d'un même groupe s'appelle une *classe* d'unités.

12. D'après cela, pour compter le nombre d'unités contenues dans un nombre, après avoir ainsi formé les divers ordres d'unités que l'on pouvait obtenir, on énonce le nombre d'unités de chaque ordre, en commençant par les plus hautes unités. On peut, en particulier, obtenir tous les nombres contenus entre deux dizaines consécutives, en mettant, après le nom de la plus faible, tous les noms de nombre de *un* jusqu'à *neuf ;* quand on saura former tous les noms de nombres inférieurs à une centaine, on aura les nombres compris entre deux centaines consécutives, en faisant suivre le nom de la plus petite des noms précédents, et ainsi de suite.

13. L'usage a introduit certaines dénominations particulières pour énoncer les nombres. C'est ainsi que, au lieu de dire *centaine,* on dit seulement *cent ;* de plus, les dizaines ont reçu les noms suivants :

Dix.	*soixante.*
Vingt.	*septante* ou *soixante-dix.*
Trente.	*octante* ou *quatre-vingts.*
Quarante.	*nonante* ou *quatre-vingt-dix.*
Cinquante.	

Enfin, au lieu de dire : *dix-un, dix-deux, dix-trois, dix-quatre, dix-cinq, dix-six,* on dit *onze, douze, treize, quatorze, quinze, seize ;* au delà, on reprend la dénomination régulière. On emploie du reste ces dénominations toutes les fois que l'on a besoin d'énoncer successivement deux nombres formant l'une des expressions précédentes ; ainsi, pour un nombre formé de *sept* dizaines et *cinq* unités, on dira *septante-cinq*, ou *soixante-quinze* et non *soixante-dix-cinq*.

14. *Numération écrite.* — Nous avons dit qu'il n'y avait jamais, dans un nombre, plus de neuf unités de chaque ordre, et que les noms des neuf premiers nombres revenaient constamment; on les a représentés par des signes particuliers que l'on appelle les *chiffres*. Ce sont les signes :

$$1, \quad 2, \quad 3, \quad 4, \quad 5, \quad 6, \quad 7, \quad 8, \quad 9.$$

On pourrait, au moyen de ces neuf chiffres, écrire tous les nombres, en indiquant par le chiffre convenable le nombre d'unités de chaque ordre, et faisant suivre ce chiffre du nom de l'ordre d'unités qu'il représente. Ainsi on pourrait écrire qu'un nombre contient :

8 centaines, 4 dizaines et 7 unités.

Mais on voit que le dernier chiffre écrit à droite représente des unités ; puis celui qui se trouve avant, à gauche, représente des dizaines, et ainsi de suite. Alors si nous convenons que, *en plaçant un chiffre à la gauche d'un autre dans un nombre, nous lui faisons représenter des unités de l'ordre immédiatement supérieur,* nous pourrons supprimer le nom des divers ordres d'unités compris dans le nombre, et, par exemple, le nombre précédent s'écrira :

$$847.$$

il peut arriver que, dans un nombre, il manque un ou plusieurs ordres d'unités entre les plus hautes unités du nombre et les unités simples. Dans ce cas, si l'on écrivait le nombre sans aucune précaution, en appliquant la convention précédente, on obtiendrait un résultat qui ne représenterait pas le nombre proposé. Ainsi par exemple, si un nombre contient *cinq centaines* et *sept unités*, on ne peut pas l'écrire 57 ; car, si le chiffre 7 représente des unités, le chiffre 5 représentera des dizaines ; si au contraire 5 représente des centaines le chiffre 7 représentera des unités immédiatement inférieures, c'est-à-dire des dizaines ; dans l'un et l'autre cas, le nombre que nous aurons ainsi ne sera pas le nombre donné. Pour échapper à cet inconvénient, on emploie un dixième caractère, o, appelé *zéro*, qui n'a pas de valeur par lui-même, et qui, dans un nombre, indique seulement qu'il n'y a pas d'unités de l'ordre dont il tient la place ; mais cet ordre étant représenté dans le nombre, les autres chiffres reprennent la signification qu'ils doivent avoir. Le nombre proposé s'écrira alors :

$$507.$$

15. Il résulte de cette convention que, dans un nombre, un chiffre a deux valeurs : l'une qui ne dépend que de sa forme, indique le nombre d'unités de l'ordre convenable représenté par ce chiffre. On l'appelle la *valeur absolue* du chiffre ; l'autre valeur qui dépend seulement de la place du chiffre dans le nombre, et qui se nomme la *valeur relative*, est déterminée par la convention suivante : *Dans un nombre, tout chiffre placé à la gauche d'un autre représente des unités de l'ordre immédiatement supérieur ; et tout chiffre placé à la droite d'un autre représente des unités de l'ordre immédiatement inférieur.*

A l'aide de cette convention et des dix chiffres, on pourra représenter tous les nombres possibles.

16. Une des conséquences importantes de cette convention est relative au changement que l'on fait subir à un nombre en écrivant des zéros à sa droite. D'après ce que nous avons dit précédemment, le dernier chiffre de droite d'un nombre entier indique les unités de ce nombre. Il en résulte que, en écrivant des zéros à la droite d'un nombre, on fait exprimer des unités d'ordre supérieur au chiffre qui précédemment représentait des unités simples. C'est le seul changement que subit le nombre ; mais d'après la manière même dont sont formés les divers ordres d'unités, on voit que si l'on écrit, par exemple, trois zéros à la droite d'un nombre entier, on lui fait exprimer des unités mille fois plus grandes. Donc :

On rend un nombre dix, cent, mille... fois plus grand lorsque l'on écrit un, deux, trois... zéros à sa droite ; réciproquement

*si un nombre entier est terminé par des zéros, on le rend dix,
cent, mille... fois plus petit lorsque l'on supprime à sa droite
un, deux, trois... zéros.*

17. Cherchons maintenant à résoudre les deux questions
pratiques de la numération, savoir : *un nombre étant écrit
en chiffres, l'énoncer en langage ordinaire ;* et, réciproquement, *écrire en chiffres un nombre énoncé.*

Lorsque l'on veut énoncer un nombre écrit, il peut se
présenter deux cas : si le nombre écrit n'a pas plus de
trois chiffres, on reconnaît à la simple inspection du
nombre les ordres d'unités qu'il contient et alors, en
commençant par les plus hautes unités, on énonce chaque
ordre d'unités représentées par un chiffre *significatif*, c'est-
à-dire autre que zéro, en se conformant aux dénominations usitées par l'usage. Ainsi

$$428 \text{ s'énoncera } \textit{Quatre cent vingt-huit.}$$
$$609 \quad — \quad \textit{Six cent neuf.}$$
$$95 \quad — \quad \textit{Quatre-vingt-quinze.}$$

Si le nombre donné contient plus de trois chiffres, on
le sépare en tranches de trois chiffres à partir de la droite,
la dernière tranche à gauche seule pouvant n'avoir que
un ou deux chiffres. Le rang de chaque tranche à partir
de la droite fait connaître le nom de la classe d'unités que
représente cette tranche ; on énonce alors chaque tranche
de trois chiffres comme si elle était seule, d'après les indications précédentes, et on la fait suivre du nom de la
classe d'unités qu'elle représente. Ainsi le nombre

$$28\,357\,435 \text{ s'énoncera } \textit{Vingt-huit millions, trois cent cinquante-}$$
$$\textit{sept mille, quatre cent trente-cinq.}$$

Il n'y a qu'une seule exception, que même nous conseil-
lons de ne pas appliquer. Lorsque le nombre n'a que quatre
chiffres et que le chiffre de gauche est 1, on décompose
quelquefois le nombre en centaines et unités. C'est ainsi
que 1879 s'énonce quelquefois *dix-huit cent soixante-dix-
neuf.* Mais cette manière d'énoncer, si on l'emploie, doit
être réservée exclusivement aux millésimes. On doit s'en
abstenir dans l'énoncé d'un nombre en arithmétique.

Lorsque l'on énonce une somme d'argent, la plus haute classe d'unités que l'on emploie est celle qui suit les millions; on dit alors un *milliard* au lieu de un *billion*. On emploie aussi, pour la même raison, le même mot *milliard* dans les recherches de statistique.

18. Lorsque l'on veut écrire un nombre énoncé, on peut le faire immédiatement, puisqu'on énonce chaque classe séparément en commençant par la classe des plus hautes unités. Mais on devra se rappeler que la première classe énoncée peut *seule* n'avoir que un ou deux chiffres; par conséquent on aura soin de remplacer par des zéros les ordres d'unités de chaque classe dont on ne prononcera pas le nom. Si une classe entière manquait, on aurait soin d'écrire trois zéros à la place qu'elle doit occuper. Ainsi, le nombre *soixante-sept billions sept cent trente-huit millions soixante-deux mille cinq* s'écrira :

$$67\,738\,062\,005.$$

Le nombre *quatre millions cent quatre* s'écrira

$$4\,000\,104.$$

Il va sans dire que, dans la lecture d'un nombre écrit, on négligera les classes qui seront entièrement représentées par des zéros, comme dans un énoncé régulier on aurait négligé les ordres d'unités représentées par des zéros.

CHAPITRE II

De l'addition et de la soustraction des nombres entiers.

ADDITION.

19. L'*addition* a pour but de réunir en une seule deux ou plusieurs quantités comptées ou mesurées au moyen de la même unité.

En arithmétique ces quantités sont représentées par

des nombres, et l'addition a pour but de trouver le nombre qui exprime leur réunion. Ce nombre s'appelle leur *somme*.

Lorsque l'on veut seulement indiquer l'addition sans l'effectuer, on sépare les nombres sur lesquels on opère par le signe $+$, qui s'énonce *plus*. Ainsi, pour indiquer qu'il faut ajouter 7 à 3, on écrit $3 + 7$, et on énonce *trois plus sept*.

20. Si l'on veut ajouter un nombre d'un chiffre à un nombre d'un chiffre, il suffit d'ajouter successivement les unités du premier nombre au second, et pour cela, partant du nombre entier immédiatement supérieur au second nombre, on énonce dans leur ordre naturel autant de nombres consécutifs qu'il y a d'unités dans le premier nombre ; le dernier nombre auquel on s'arrête est le résultat cherché.

Ainsi, pour ajouter 5 à 8, il suffit, partant du nombre supérieur à 8, d'énoncer successivement les cinq nombres *neuf*, *dix*, *onze*, *douze*, *treize* ; le nombre *treize* est le résultat cherché. On doit savoir par cœur tous les résultats auxquels on arrive ainsi.

21. Pour ajouter un nombre d'un chiffre à un nombre de plusieurs chiffres, on peut suivre la même méthode, ou bien encore on ramène au cas précédent, en ajoutant le nombre d'un chiffre aux unités du nombre quelconque; si le résultat n'est pas supérieur à 9, on ne change pas les dizaines du nombre de plusieurs chiffres; dans le cas contraire, on conserve les unités du résultat et on augmente de 1 le nombre des dizaines du nombre donné. Ainsi, par exemple comme 4 et 3 font 7, $23 + 4$ donnent 27 ; comme 8 et 6 font 14, $48 + 6$ donnent 54.

22. Dans le cas général de l'addition, on décompose l'opération en plusieurs autres rentrant dans le cas précédent. Pour cela, on remarque que la somme de plusieurs quantités ne change pas, quel que soit l'ordre dans lequel on ajoute ces diverses quantités. Alors, on fait d'abord la somme de toutes les unités ; puis la somme des dizaines; puis la somme des centaines, et ainsi de suite, et on ajoute tous ces résultats entre eux.

Dans la pratique, si l'un des résultats est supérieur à 9, on ne conserve que les unités, et l'on *retient* les dizaines pour les ajouter aux unités de l'ordre supérieur.

23. Soit par exemple proposé d'additionner les nombres 8549, 2864 et 4376. Pour plus de commodité, je les disposerai les uns sous les autres de manière que les unités du même ordre soient dans une même colonne verticale; puis, commençant par la droite, je ferai d'abord la somme des unités en disant :

9 et 4 font 13 ; 13 et 6 font 19; je pose 9 et je retiens 1 ;

1 de retenue et 4 font 5; 5 et 6 font 11; 11 et 7 font 18 ; je pose 8 et je retiens 1 ;

$$\begin{array}{r} 8549 \\ 2864 \\ 4376 \\ \hline 15789 \end{array}$$

1 de retenue et 5 font 6; 6 et 8 font 14 ; 14 et 3 font 17; je pose 7 et je retiens 1 ;

1 de retenue et 8 font 9 ; 9 et 2 font 11; 11 et 4 font 15 ; comme il n'y a plus d'unités d'ordre supérieur, j'écris le dernier résultat tel qu'il se présente.

24. De là on déduit la règle générale suivante : *Pour faire une addition, on écrit les nombres à ajouter les uns au-dessous des autres, de façon que les unités du même ordre soient dans une même colonne verticale, et on souligne le dernier d'un trait horizontal ; puis, commençant par la droite et par en haut, on fait d'abord la somme des nombres compris dans la colonne des unités ; si cette somme ne surpasse pas 9, on l'écrit telle qu'elle se présente au-dessous de la colonne des unités ; si elle surpasse 9, on écrit les unités de cette somme sous la colonne des unités, et on retient les dizaines pour les ajouter à la colonne suivante ; on opère sur cette colonne comme sur la première et ainsi de suite jusqu'à la dernière colonne de gauche, pour laquelle on écrit le résultat tel qu'il se présente.*

25. D'après la théorie, on pourrait commencer l'opération par tel ordre d'unités que l'on voudrait ; mais, dans la pratique, comme le résultat doit être écrit sous la forme d'un nombre ordinaire, c'est-à-dire ne pas contenir plus de neuf unités de chaque ordre, il serait le plus souvent nécessaire de faire de nouvelles opérations pour ramener l'ensemble de toutes les opérations partielles à se présenter

sous cette forme exigée par les conventions de la numération; c'est précisément ce que l'on évite en ayant soin de commencer par la droite, puisque l'on connaît ainsi d'avance les dizaines que l'on doit ajouter à la colonne suivante pour obtenir le nombre sous la forme ordinaire.

26. Lorsque l'on a effectué un calcul, il est bon de le vérifier; cette vérification s'obtient au moyen d'un second calcul que l'on appelle *la preuve* du premier. Pour faire la preuve, il faut employer une nouvelle opération qui ne soit pas plus difficile à exécuter que la première, afin de ne pas s'exposer à de nouvelles erreurs. Il est à remarquer que la preuve d'une opération, lorsqu'elle réussit, ne nous affirme pas d'une manière absolue que le calcul est exact; cependant comme il arrive très rarement que l'on fasse dans la preuve et dans le calcul primitif des erreurs qui se compensent exactement, on se contente ordinairement de cette vérification. Lorsque la preuve n'est pas en accord avec le premier calcul, l'un des deux est inexact, et comme le calcul que l'on avait intérêt à effectuer est le premier fait, il faut le recommencer avec soin, de préférence à la preuve.

27. Pour faire la preuve de l'addition, on s'appuie sur ce principe qu'un tout ne change pas, quel que soit l'ordre dans lequel on réunisse ses diverses parties; il suffit donc d'écrire les nombres donnés dans un ordre différent et de refaire l'addition. Si les deux résultats concordent, on en conclut que la première addition est exacte.

Le plus souvent, dans la pratique, on se contente de refaire l'opération de bas en haut en commençant toujours par la droite; cela revient en effet à écrire les nombres en sens inverse. Si les deux résultats sont différents, on écrit les nombres dans un autre ordre et on recommence le calcul; si l'on obtient un résultat égal à l'un des nombres déjà obtenus, on le considère comme le résultat exact.

On peut aussi, et c'est en particulier le procédé employé dans la comptabilité, faire plusieurs additions partielles, en séparant les nombres donnés en plusieurs groupes; on fera la somme des nombres de chaque groupe, puis on ajoutera toutes ces sommes ensemble, et le résultat devra être égal à la somme déjà trouvée.

28. L'addition s'emploie dans un grand nombre de cas ; par exemple :

Quand on a à dresser l'état des recettes faites dans un temps donné ;

Quand on veut savoir le montant des dépenses diverses que l'on a faites ;

Pour connaître l'ensemble des productions de même nature d'un pays, connaissant les productions de ses diverses régions, etc.

SOUSTRACTION.

29. La *soustraction* a pour but de chercher ce qu'on doit ajouter à une quantité pour la rendre égale à une autre quantité comptée ou mesurée avec la même unité.

En arithmétique, ces grandeurs sont représentées par des nombres, et par suite la soustraction a pour but de chercher combien il faut ajouter d'unités à un nombre pour le rendre égal à un autre nombre. Le résultat de cette opération s'appelle le *reste* ou la *différence*.

Lorsque l'on veut simplement indiquer une soustraction, on écrit le plus grand nombre, et à sa droite le plus petit, que l'on en sépare au moyen du signe — qui s'énonce *moins*. Ainsi, pour indiquer que de 13 on veut retrancher 8, on écrit 13 — 8, et on énonce *treize moins huit*.

30. Cherchons d'abord à retrancher un nombre d'un chiffre d'un autre nombre d'un chiffre, ou d'un nombre de deux chiffres qui ne le surpasse pas de dix unités. Pour cela, on retranche successivement du plus grand nombre autant d'unités qu'il y en a dans le plus petit. Le résultat de la dernière soustraction est le reste cherché. Ainsi, pour retrancher 5 de 13, on dira : 13 moins 1 donne 12 ; 12 moins 1 donne 11 ; 11 moins 1 donne 10 ; 10 moins 1 donne 9 ; 9 moins 1 donne 8 ; le résultat cherché est 8.

Quelquefois aussi on cherche combien il faut ajouter d'unités au plus petit nombre pour obtenir le plus grand ; ce nombre d'unités est la différence cherchée.

On sait par cœur les résultats que l'on obtient en ajoutant au plus petit nombre, qui n'a qu'un chiffre, des nombres inférieurs à 10 ; on en déduira immédiatement le nombre qu'on doit lui ajouter pour reproduire le plus grand nombre. C'est le résultat cherché. On doit savoir faire immédiatement la soustraction par l'une ou l'autre de ces deux méthodes.

31. Supposons maintenant que les deux nombres sont composés de plusieurs chiffres, mais en admettant que les chiffres du plus petit nombre soient tous inférieurs aux chiffres de même ordre du plus grand.

Dans ce cas on décomposera l'opération en plusieurs autres rentrant dans le cas précédent, en retranchant successivement les unités des unités, les dizaines des dizaines, etc. Chaque résultat sera inférieur à 9 ; et si l'on a soin d'écrire les nombres à retrancher l'un au-dessous de l'autre de manière que les unités du même ordre soient dans une même colonne verticale, on écrira le résultat de chaque soustraction sous les nombres correspondants ; le nombre formé par les chiffres qui correspondent aux divers résultats partiels sera le reste cherché.

Prenons par exemple les nombres 47675 et 24563. Nous écrirons d'abord le plus grand, puis au-dessous le plus petit ; nous soulignerons ce dernier, et commençant par la droite, nous dirons : 3 retranché de 5 reste 2 ; nous écrirons le chiffre 2 dans la première colonne, puis en continuant de même :

$$47675$$
$$24563$$
$$\overline{}$$
$$23112$$

6 de 7 reste 1 ; 5 de 6 reste 1 ; 4 de 7 reste 3 ; 2 de 4 reste 2 ; le nombre 23112 est le reste cherché.

32. Mais il peut arriver que les chiffres du plus petit nombre ne soient pas tous inférieurs aux chiffres correspondants du plus grand nombre. On remarque alors que *la différence entre deux nombres ne change pas quand on augmente ces deux nombres d'une même quantité.* On se sert de ce principe pour ramener l'opération à plusieurs autres qui rentrent dans le premier cas. Pour cela, au chiffre du plus grand nombre, chiffre inférieur à celui qui correspond dans le plus petit, on ajoute *dix* unités de son ordre et au chiffre suivant du plus petit nombre, on ajoute

une unité de son ordre, ce qui équivaut à dix unités de l'ordre précédent. On a donc bien augmenté les deux nombres d'une même quantité, ce qui n'a pas changé la différence ; mais on a, de cette manière, rendu possible une opération qui ne l'était pas auparavant. Du reste, dans chaque opération partielle, le reste ne peut pas surpasser 9 ; par suite, on l'écrit immédiatement au-dessous des chiffres correspondants.

Soient par exemple les nombres 78649 et 25953. Écrivons comme tout à l'heure le plus grand d'abord et au-dessous le plus petit, de façon que les unités de même ordre soient dans une même colonne verticale ; soulignons le plus petit ; puis commençons par la droite ; nous dirons :

3 ôtés de 9, reste 6 ;

78649   5 de 4, ne se peut ; 5 de 14, reste 9 ;

25953   9 et 1, 10 ; 10 de 6, ne se peut ; 10 de 16, reste 6 ;

52696   5 et 1, 6 ; 6 de 8, reste 2 ;

2 de 7, reste 5.

Le reste est 52696.

33. De là résulte la règle suivante : *Pour faire une soustraction, on écrit le plus grand nombre, et au-dessous le plus petit, de manière que les unités du même ordre soient dans une même colonne verticale, puis on souligne le plus petit nombre ; ensuite, commençant par la droite, on retranche les unités du plus petit nombre des unités du plus grand ; si l'opération est immédiatement possible, on écrit le résultat tel qu'il se présente ; dans le cas contraire, on augmente le chiffre du plus grand nombre de dix unités de son ordre, ce qui permet de faire l'opération ; on écrit le résultat au-dessous ; puis, avant de faire l'opération suivante, on augmente de une unité de son ordre le chiffre du plus petit nombre sur lequel on va opérer. On continue de la même manière jusqu'à ce que l'on ait opéré sur les différents chiffres des nombres donnés.*

34. On voit ici combien il est important de commencer par la droite, à cause des changements qu'il faudrait introduire au résultat, si l'une des opérations ultérieures devenait impossible ; tandis que les modifications que l'on fait subir aux nombres se présentent d'elles-mêmes dans l'ordre des opérations, on n'a pas besoin de recommencer

un calcul déjà fait, ni de modifier un résultat déjà obtenu.

35. La preuve de la soustraction se déduit immédiatement de la définition de l'opération, D'après cette définition, on voit que le plus grand nombre est égal au plus petit augmenté du reste, Donc si au plus petit nombre on ajoute le reste, on doit retrouver le plus grand nombre.

Il résulte aussi de la définition que le reste, augmenté du plus petit nombre, donne le plus grand ; donc si on retranche le reste du plus grand nombre, on doit retrouver le plus petit. Cette remarque donne un second moyen de faire la preuve de la soustraction.

36. Parmi les applications de la soustraction, nous pouvons citer :

Ce qui reste dû sur une somme dont on a payé un àcompte ;

Le bénéfice total d'un commerçant qui a fait dans sa journée une certaine recette et une certaine dépense, etc.

Si l'on veut faire l'état de caisse de ce commerçant, il faudra combiner l'addition et la soustraction ; on fera la somme des diverses recettes, la somme des diverses dépenses et on retranchera la plus petite somme de la plus grande ; le résultat sera un bénéfice ou une perte, suivant que la plus grande somme correspondra aux recettes ou aux dépenses.

CHAPITRE III

De la multiplication des nombres entiers.

37. La *multiplication* est une opération par laquelle on répète une grandeur autant de fois qu'il y a d'unités dans un nombre donné. La grandeur à répéter est le *multiplicande ;* le nombre qui indique combien de fois on répète

cette grandeur est le *multiplicateur*. Le résultat, qui est de même nature que le multiplicande, s'appelle *produit*.

En arithmétique, le multiplicande est représenté par un nombre, et on cherche le nombre qui représente le produit.

Le multiplicateur est *essentiellement abstrait*.

Le multiplicande et le multiplicateur sont appelés les *facteurs* du produit. On dit aussi que le produit est un *multiple* du multiplicande. En général on appelle *multiple* d'un nombre ou d'une grandeur le produit de ce nombre ou de cette grandeur par un nombre entier.

Lorsque l'on veut simplement indiquer une multiplication, on écrit le multiplicande et ensuite le multiplicateur, que l'on en sépare au moyen du signe $\times$ qui s'énonce *multiplié par*. Ainsi. pour indiquer que l'on multiplie 17 par 8, on écrit 17×8, et on énonce *dix-sept multiplié par huit*.

La multiplication n'est qu'un cas particulier de l'addition, celui où l'on aurait à ajouter des nombres égaux entre eux; car, d'après la définition, si l'on prend huit nombres égaux à 17 et qu'on les ajoute. le résultat se composera de 17 répété autant de fois qu'il y a de nombres ajoutés, c'est-à-dire autant de fois qu'il y a d'unités dans le nombre 8.

Mais il est facile de voir qu'il serait bientôt impossible, dans la pratique, de faire une multiplication au moyen de l'addition. C'est pour cela qu'on a donné des procédés particuliers pour trouver le produit.

Pour établir la théorie de la multiplication, nous considérerons plusieurs cas, suivant le nombre de chiffres de chacun des facteurs.

38. **PREMIER CAS.** *Le multiplicande et le multiplicateur n'ont qu'un chiffre.* — Dans ce cas, on n'a pas d'autre procédé théorique que l'addition. On doit savoir par cœur les divers résultats que l'on obtient ainsi. Ils sont du reste consignés dans un tableau particulier que l'on appelle *table de Pythagore*, et dont nous allons indiquer la construction et le mode d'emploi :

1	2	3	4	5	6	7	8	9
2	4	6	8	10	12	14	16	18
3	6	9	12	15	18	21	24	27
4	8	12	16	20	24	28	32	36
5	10	15	20	25	30	35	40	45
6	12	18	24	30	36	42	48	54
7	14	21	28	35	42	49	56	63
8	16	24	32	40	48	56	64	72
9	18	27	36	45	54	63	72	81

Pour construire cette table, on écrit sur une première ligne horizontale les neuf premiers nombres ;

Au-dessous de chacun de ces nombres on écrit le résultat que l'on obtient en l'ajoutant à lui-même, ce qui donne les produits par 2 des neuf premiers nombres ;

Dans une troisième ligne horizontale, on écrit les résultats que l'on obtient en ajoutant les nombres correspondants de la première et de la seconde ligne ; ces résultats sont les produits par 3 des neuf premiers nombres ;

Dans la quatrième ligne, on écrit les résultats obtenus en ajoutant les nombres correspondants de la troisième et de la première ligne, et ainsi de suite ; on passe d'une ligne horizontale à la suivante en ajoutant aux nombres de la ligne déjà formée les nombres correspondants de la première ligne. On arrête la table quand on a obtenu la neuvième ligne horizontale.

39. La table de multiplication étant supposée construite, on s'en sert de la manière suivante :

Proposons-nous de multiplier 8 par 6 ; nous prenons la ligne verticale commençant par le nombre 8, et nous la descendons jusqu'à la rencontre de la ligne horizontale commençant par le nombre 6; le nombre 48 que nous obtenons à la rencontre des deux lignes est le produit cherché.

Nous pouvons remarquer immédiatement que, si nous cherchions à multiplier 6 par 8, en suivant la colonne verticale qui commence par 6 jusqu'à sa rencontre avec la ligne horizontale qui commence par 8, nous trouverions encore le même produit 48; ce qui nous montre que, dans ce cas, le produit conserve la même valeur quand on intervertit l'ordre des facteurs. Ce fait est général, et nous le démontrerons plus loin.

40. DEUXIÈME CAS. *Le multiplicande est quelconque; le multiplicateur n'a qu'un chiffre.* Soit à multiplier 8267 par 4. D'après ce que nous avons dit plus haut, nous pourrions trouver le résultat en ajoutant quatre nombres égaux au multiplicande. Faisons cette opération d'après la règle ordinaire, nous aurons d'abord à faire la somme des nombres écrits dans la colonne des unités; nous avons quatre nombres égaux à 7; le résultat de cette addition s'obtient en multipliant 7 par 4, opération que nous savons faire. Écrivons au-dessous le résultat 28 tel qu'il se présente; pour faire l'opération suivante, nous ajouterons *tous* les nombres inscrits dans la colonne des dizaines; nous aurons d'abord quatre nombres égaux à 6, ce qui nous donnera le produit 6 × 4, et ensuite nous ajouterons les dizaines provenant de l'opération précédente. De même, pour la troisième colonne, on sera amené à multiplier 2 par 4, et à ajouter au produit la retenue de l'opération précédente, et ainsi de suite.

Dans la pratique, on fait l'opération comme il suit : On écrit le multiplicande et au-dessous le multiplicateur, que l'on souligne; puis, commençant la multiplication par la droite du multiplicande, on dit :

4 fois 7 font 28; je pose 8 et je retiens 2;

4 fois 6 font 24; 24 et 2 de retenue font 26; je pose 6 et je retiens 2;

4 fois 2 font 8; 8 et 2 de retenue font 10; je pose 0 et je retiens 1;

4 fois 8 font 32 ; 32 et 1 de retenue font 33 ; je pose 3 et j'avance 3.

Dans le dernier résultat, j'écris le nombre tel qu'il est, parce que l'opération est terminée.

De là on déduit la règle suivante :

Pour multiplier un nombre quelconque par un nombre d'un chiffre, on écrit le multiplicande, et au-dessous le multiplicateur, que l'on souligne ; puis on multiplie d'abord les unités du multiplicande par le multiplicateur ; si le résultat est inférieur à dix, on l'écrit tel qu'il se présente ; dans le cas contraire, on écrit les unités du résultat, et on retient les dizaines pour les ajouter au produit effectué du chiffre suivant du multiplicande par le multiplicateur, et ainsi de suite jusqu'au dernier produit, qu'on écrit tel qu'il se présente.

• 41. TROISIÈME CAS. *Multiplication d'un nombre quelconque par l'unité suivie de zéros.* Soit à multiplier 647 par 100 ; je sais, par la numération (16), que, si j'écris deux zéros à droite du nombre 647, je le rends cent fois plus grand, c'est-à-dire que je le multiplie par 100 ; donc *lorsque le multiplicateur est l'unité suivie de zéros, il suffit, pour trouver le produit, d'écrire à droite du multiplicande autant de zéros qu'il y en a au multiplicateur.*

42. QUATRIÈME CAS. *Le multiplicateur est formé d'un chiffre significatif suivi de zéros.* Soit par exemple à multiplier 8267 par 400. Je puis chercher le résultat au moyen d'une addition, en écrivant 400 nombres égaux à 8267 ; puis je fractionnerai cette opération en un certain nombre d'autres, en groupant ensemble d'abord les quatre premiers nombres, puis les quatre suivants, et ainsi de suite. Or, comme 400 est égal à 4 multiplié par 100, je formerai *cent* de ces groupes, ils sont tous égaux, puisqu'ils sont formés des mêmes nombres ; il suffira donc d'en calculer un, et de multiplier par 100 le résultat obtenu ; mais, pour avoir la valeur de ce groupe, il suffit de multiplier 8267 par 4, opération que l'on sait faire. Donc, *pour multiplier un nombre par un chiffre significatif suivi d'un certain nombre de zéros, on multiplie le multiplicande par le chiffre significatif, et à droite du résultat, on écrit autant de zéros qu'il y en a au multiplicateur.*

43. **Cas général.** *Le multiplicande et le multiplicateur sont quelconques.* Soit, par exemple, à multiplier 8267 par 438. On pourrait, comme précédemment, imaginer 438 nombres égaux au multiplicande et faire la somme de tous ces nombres ; le résultat serait le produit cherché. Pour faire cette opération, je puis la décomposer en plusieurs autres. Je ferai d'abord la somme des *huit* premiers nombres, puis celle des *trente* suivants, et enfin celle des *quatre cents* suivants ; je sais effectuer ces opérations, d'après les deuxième et quatrième cas, puis j'ajouterai ces divers résultats partiels. Or, le second produit partiel est terminé par un zéro, et, par suite, le produit du multiplicande par le chiffre 3 du multiplicateur représente des dizaines. On pourra donc négliger le zéro, qui n'a aucune influence sur le résultat définitif, pourvu que l'on ait soin de mettre le premier chiffre du produit par 3 sous le second chiffre du produit par 8 ; de même, pour le dernier produit, on mettra le premier chiffre sous le second du produit précédent. Dans la pratique, on a soin de mettre le premier chiffre du premier produit partiel sous le chiffre des unités du multiplicateur, et alors le premier chiffre de chaque produit partiel est sous le chiffre du multiplicateur qui a servi à former ce produit. Par exemple, l'opération se fera comme il suit :

<table>
<tr><td>

8267
438
——————
66136
24801
33068
——————
3620946

</td><td>

J'écris le multiplicande, et au-dessous le multiplicateur, que je souligne. Puis, je prends le premier chiffre à droite du multiplicateur ; je multiplie le multiplicande par 8, d'après la méthode indiquée dans le second cas ; j'obtiens le nombre 66136, que j'écris de telle manière que le premier chiffre de droite soit sous le chiffre 8 du multiplicateur ; puis je multiplie le multiplicande par 3 ; j'obtiens le nombre

</td></tr>
</table>

24801, que j'écris au-dessous du précédent, mais de manière que le premier chiffre de droite soit sous le chiffre 3 du multiplicateur ; enfin je multiplie le multiplicande par 4, et j'écris le produit 33068 de façon que le premier chiffre de droite soit sous le chiffre 4 du multiplicateur. Ensuite, j'ajoute tous ces produits partiels d'après la règle ordinaire de l'addition, en considérant comme des unités de même ordre des chiffres qui sont dans une même colonne verticale, j'obtiens le nombre 3620946 qui est le produit cherché.

44. De là on déduit la règle suivante : *Pour faire une multiplication, on écrit le multiplicande, et au-dessous le multiplicateur, que l'on souligne ; on multiplie le multiplicande séparément par chacun des chiffres du multiplicateur à partir de la droite, en ayant soin de mettre le premier chiffre de chaque produit partiel sous le chiffre du multiplicateur qui sert à former ce produit. Ensuite, on additionne ces divers résultats, en considérant comme unités de même ordre les chiffres qui sont placés dans une même colonne verticale. La somme ainsi obtenue est le produit total cherché.*

45. Si le multiplicateur est terminé par des zéros, on voit, en répétant le raisonnement qui a été fait pour le quatrième cas, que, pour obtenir le produit, il suffit de faire l'opération, sans s'occuper des zéros du multiplicateur, et ensuite, d'écrire à la droite du produit autant de zéros qu'il y en avait au multiplicateur. En outre, si le multiplicande est terminé par des zéros, c'est-à-dire si, au lieu de représenter des unités simples, son premier chiffre significatif représente des unités d'ordre quelconque, il suffira de multiplier le nombre, abstraction faite des zéros, par le multiplicateur, à la condition de faire exprimer au produit des unités de même ordre que celles du multiplicande. Pour cela, on écrira à droite du produit autant de zéros qu'il y en avait à droite du multiplicande.

En combinant ces deux résultats, on voit facilement que, *si les deux facteurs sont terminés par des zéros, on fait l'opération sans s'occuper de ces zéros ; mais, à droite du produit, on écrit autant de zéros qu'il y en avait dans les deux facteurs réunis.*

Ainsi, pour multiplier 826700 par 4380, on multiplie 8267 par 438 et à droite du produit on écrit trois zéros, parce qu'il y en a deux au multiplicande, et un au multiplicateur.

46. *Définitions.* On appelle *produit de plusieurs facteurs*

le résultat que l'on obtient en multipliant le premier facteur par le second, le produit obtenu par un troisième facteur, le nouveau produit par un quatrième facteur, et ainsi de suite.

Si tous les facteurs considérés sont égaux, le produit s'appelle une *puissance*. Dans le cas de deux facteurs, la puissance s'appelle un *carré;* s'il y a trois facteurs, on l'appelle un *cube*.

On indique une puissance en écrivant une seule fois le nombre élevé à la puissance, et à sa droite et un peu au-dessus un chiffre qui indique combien de fois le nombre considéré est pris comme facteur. Ce chiffre s'appelle l'*exposant* de la puissance ; ainsi la sixième puissance de 7, c'est-à-dire le produit de 6 facteurs égaux à 7, s'écrira 7^6, et s'énoncera 7, *exposant* 6, ou 7, *puissance* 6 ; si l'exposant est 2 ou 3, on dit seulement *carré* ou *cube*.

47. THÉORÈME. *Pour multiplier une somme par un nombre, il suffit de multiplier par le nombre chacune des parties de la somme, et d'ajouter les résultats.*

Soit par exemple à multiplier par 5 la somme $(2+3+8)$. On sait que l'on peut trouver le résultat en faisant une addition ; il suffira d'écrire cinq fois de suite la somme considérée en mettant les nombres égaux les uns au-dessous des autres. Puis, comme la valeur d'une somme ne change pas quel que soit l'ordre dans lequel on prend les diverses parties, on fera la somme des nombres qui se trouvent dans chacune des colonnes, et on ajoutera ces diverses sommes ; mais chacune d'elles est égale au produit par 5 de l'un des termes de la somme donnée ; donc, en multipliant par 5 chacun des termes de la somme et en ajoutant les résultats, on a bien multiplié la somme par 5. C'est ce principe qui a servi implicitement dans le second cas de la multiplication.

$$2+3+8$$
$$2+3+8$$
$$2+3+8$$
$$2+3+8$$
$$2+3+8$$

48. THÉORÈME. *On ne change pas la valeur d'un produit de deux facteurs quand on intervertit l'ordre des deux facteurs.*

Je dis que le produit 5×8 est égal au produit 8×5.

En effet, décomposons 5 en ses diverses unités ; nous avons

$$5 = 1 + 1 + 1 + 1 + 1.$$

Multiplions les deux membres de cette égalité par 8, nous aurons encore deux quantités égales : le second membre est une somme et, en vertu du théorème précédent, il suffira, pour multiplier ce second membre par 8, de multiplier chacun des termes par 8 ; mais 1×8 donne 8 ; nous aurons donc

$$5 \times 8 = 8 + 8 + 8 + 8 + 8.$$

Mais le second membre est la somme de cinq nombres égaux à 8 ; il est donc, par définition, égal à 8×5.
Donc on a bien

$$5 \times 8 = 8 \times 5.$$

49. **Théorème.** *Dans un produit de trois facteurs, on peut intervertir l'ordre des deux derniers facteurs sans changer la valeur du produit.*

Je dis que le produit $8 \times 5 \times 7$ est égal au produit $8 \times 7 \times 5$.
En effet, par définition on a

$$8 \times 5 = 8 + 8 + 8 + 8 + 8.$$

Multiplions les deux membres de cette égalité par 7, et pour cela, dans le second membre, multiplions par 7 chacune des parties de la somme et ajoutons ; nous aurons

$$8 \times 5 \times 7 = (8 \times 7) + (8 \times 7) + (8 + 7) + (8 \times 7) + (8 \times 7).$$

Or, le second membre est égal à la somme de cinq nombres égaux entre eux, et égaux à 8×7. Ce second membre est donc égal au résultat que l'on obtiendrait en multipliant par 5 le produit 8×7. En d'autres termes, par définition, il est égal à $8 \times 7 \times 5$. On a donc bien

$$8 \times 5 \times 7 = 8 \times 7 \times 5.$$

50. **Théorème.** *Dans un produit quelconque, on peut in-*

tervertir l'ordre des deux derniers facteurs sans changer la valeur du produit.

Je dis par exemple que l'on a l'égalité :

$$2 \times 3 \times 4 \times 5 \times 6 = 2 \times 3 \times 4 \times 6 \times 5.$$

En effet, d'après la définition d'un produit de plusieurs facteurs, je devrai d'abord, dans les deux produits, multiplier 2 par 3, puis le produit effectué par 4. J'obtiendrai ainsi évidemment deux résultats identiques, puisque j'ai pris les mêmes facteurs dans le même ordre. Mais alors je suis ramené à un produit de trois facteurs, c'est-à-dire au cas précédent, et je sais que je puis, dans un pareil produit, intervertir l'ordre des deux derniers facteurs sans changer la valeur du produit.

51. THÉORÈME. *On ne change pas la valeur d'un produit de plusieurs facteurs quand on intervertit l'ordre de deux facteurs consécutifs quelconques.*

Je dis par exemple que l'on a l'égalité

$$2 \times 3 \times 4 \times 5 \times 6 \times 7 \times 8 = 2 \times 3 \times 4 \times 6 \times 5 \times 7 \times 8.$$

En effet, si je considère le produit terminé aux deux facteurs 5 et 6, nous avons, en vertu du théorème précédent :

$$2 \times 3 \times 4 \times 5 \times 6 = 2 \times 3 \times 4 \times 6 \times 5.$$

Si nous multiplions ces deux produits égaux par 7 d'abord, nous aurons évidemment des résultats égaux ; nous pourrons encore multiplier les deux résultats par 8, et nous obtiendrons encore des produits égaux ; on aura donc bien

$$2 \times 3 \times 4 \times 5 \times 6 \times 7 \times 8 = 2 \times 3 \times 4 \times 6 \times 5 \times 7 \times 8.$$

52. THÉORÈME *On peut, sans changer la valeur d'un produit, mettre les facteurs dans tel ordre que l'on voudra.*

Soit par exemple le produit $2 \times 3 \times 4 \times 5 \times 6 \times 7$. Je puis, en intervertissant plusieurs fois l'ordre de deux facteurs consécutifs, amener le facteur 6 au premier rang ; comme dans chacune de ces opérations je n'ai pas changé la valeur du produit, j'obtiendrai un produit égal au produit proposé. J'aurai donc l'égalité

$$2\times3\times4\times5\times6\times7=6\times2\times3\times4\times5\times7.$$

Ensuite, dans le second membre, je pourrai, sans changer la valeur du produit, amener le facteur 4 au second rang ; j'aurai

$$6\times2\times3\times4\times5\times7=6\times4\times2\times3\times5\times7.$$

Puis je ferai passer le facteur 7 au troisième rang ; j'aurai alors

$$6\times4\times2\times3\times5\times7=6\times4\times7\times2\times3\times5.$$

Ensuite je ferai passer 3 au quatrième rang ; j'aurai

$$6\times4\times7\times2\times3\times5=6\times4\times7\times3\times2\times5.$$

Enfin je mettrai 5 au cinquième rang, et j'aurai

$$6\times4\times7\times3\times2\times5=6\times4\times7\times3\times5\times2.$$

De ces égalités, je tire

$$2\times3\times4\times5\times6\times7=6\times4\times7\times3\times5\times2.$$

53. CorollAIRE. De tout ce qui précède on déduit facilement que *la valeur d'un produit est indépendante de l'ordre de ses facteurs*.

54. THÉORÈME. *Pour multiplier un nombre par un produit de plusieurs facteurs, il suffit de le multiplier successivement par les divers facteurs du produit.*

Soit par exemple à multiplier 8 par le produit $(2\times3\times5\times7)$. (Nous indiquons un produit effectué en le renfermant entre parenthèses.) Je dis qu'on peut multiplier 8 par 2, le produit par 3, le nouveau produit par 5, et le résultat par 7, et que l'on obtiendra le même résultat que si l'on multiplie le nombre 8 directement par le produit effectué.

En effet, on a d'abord, en vertu d'un théorème démontré

$$8\times(2\times3\times5\times7)=(2\times3\times5\times7)\times8.$$

Prenons maintenant le produit de plusieurs facteurs

$$2 \times 3 \times 5 \times 7 \times 8.$$

On sait que, pour faire ce produit, on multipliera d'abord 2 par 3, le produit par 5, le nouveau résultat par 7, et enfin le produit effectué par 8 ; on en déduit immédiatement l'égalité

$$2 \times 3 \times 5 \times 7 \times 8 = (2 \times 3 \times 5 \times 7) \times 8.$$

Par suite, on a, puisque deux quantités égales à une troisième sont égales entre elles :

$$8 \times (2 \times 3 \times 5 \times 7) = 2 \times 3 \times 5 \times 7 \times 8.$$

Mais, dans le second membre, je puis intervertir d'une manière quelconque l'ordre des facteurs sans altérer la valeur de ce second membre, et par suite j'aurai :

$$8 \times (2 \times 3 \times 5 \times 7) = 8 \times 2 \times 3 \times 5 \times 7.$$

Pour effectuer le second membre, je multiplierai 8 par 2, le produit par 3, le nouveau produit par 5, et enfin le dernier résultat par 7. C'est ce que l'on exprime en disant que l'on multiplie *successivement* par les divers facteurs du produit.

55. THÉORÈME. *On peut, dans un produit de plusieurs facteurs, remplacer deux ou plusieurs facteurs par leur produit effectué.*

Soit le produit

$$2 \times 3 \times 4 \times 5 \times 6 \times 7 \times 8 \times 9.$$

Je dis que l'on peut supprimer les facteurs 5, 7 et 8, et mettre au produit le facteur 280, qui est égal au produit des trois précédents. En effet, je puis d'abord intervertir d'une façon quelconque l'ordre des facteurs, et mettre en tête les facteurs 5, 7 et 8, j'aurai l'égalité :

$$2 \times 3 \times 4 \times 5 \times 6 \times 7 \times 8 \times 9 = 5 \times 7 \times 8 \times 2 \times 3 \times 4 \times 6 \times 9.$$

Puis, dans le second membre, je multiplie 5 par 7, et

2.

le produit par 8, ce qui me donne 280 ; j'ai ensuite un produit égal, par définition, au produit d'abord écrit au second membre ; dans ce produit, je pourrai intervertir l'ordre des facteurs ; j'obtiendrai toujours un produit égal au second membre, et par suite au premier. On aura donc bien :

$$2 \times 3 \times 4 \times 5 \times 6 \times 7 \times 8 \times 9 = 2 \times 3 \times 4 \times 280 \times 6 \times 9,$$

ce qui démontre le théorème.

56. THÉORÈME. *Pour multiplier deux produits de facteurs, il suffit de former un produit unique avec tous ces facteurs.*

Considérons en effet les deux produits effectués $(2 \times 3 \times 4 \times 5)$ et $(7 \times 9 \times 11 \times 17)$. Pour multiplier le premier par le second, je puis, d'après un théorème démontré, multiplier le premier produit, considéré comme effectué, successivement par tous les facteurs du second. J'aurai donc :

$$(2 \times 3 \times 4 \times 5) \times 7 \times 9 \times 11 \times 17 \quad (2 \times 3 \times 4 \times 5) \times 7 \times 9 \times 11 \times 17$$

Mais, d'après ce que nous venons de dire, on peut remplacer dans un produit un certain nombre de facteurs par un produit effectué. On aura donc par exemple :

$$2 \times 3 \times 4 \times 5 \times 7 \times 9 \times 11 \times 17 = (2 \times 3 \times 4 \times 6) \times 7 \times 9 \times 11 \times 17$$

En comparant cette égalité avec la précédente, on en déduit l'égalité :

$$(2 \times 3 \times 4 \times 5) \times 7 \times 9 \times 11 \times 17 = 2 \times 3 \times 4 \times 5 \times 7 \times 9 \times 11 \times 17$$

Ce qui montre que, en multipliant entre eux les deux produits effectués, on obtient le même résultat qu'en prenant le produit unique formé de tous les facteurs qui entrent dans les deux produits.

57. THÉORÈME. *Pour multiplier un produit de plusieurs facteurs par un nombre, il suffit de multiplier l'un des facteurs par ce nombre.*

En effet, d'après la définition même d'un produit de plusieurs facteurs, on a :

$$(2 \times 3 \times 4 \times 5) \times 7 = 2 \times 3 \times 4 \times 5 \times 7.$$

Comme on peut remplacer les deux facteurs 4 et 7 par leur produit effectué 28, on a :

$$2 \times 3 \times 4 \times 5 \times 7 = 2 \times 3 \times 28 \times 5.$$

Donc :

$$(2 \times 3 \times 4 \times 5) \times 7 = 2 \times 3 \times 28 \times 5.$$

On voit donc bien que, en multipliant le seul facteur 4 par 7, on a multiplié le produit par ce même facteur 7.

58. De tout ce qui précède il résulte que, pour faire la preuve d'une multiplication, il *suffit* d'intervertir l'ordre des facteurs. On doit retrouver la même valeur pour le produit si l'opération est bien faite.

59. Pour faire comprendre l'utilité de la multiplication citons quelques questions qui se résolvent par cette opération. C'est au moyen de la multiplication que l'on trouve :

1° Le prix de plusieurs objets semblables, connaissant le prix de l'un de ces objets ; et aussi, le nombre d'objets que l'on peut avoir pour une somme déterminée, sachant combien on a de ces objets pour la valeur représentée par l'unité de monnaie ;

2° Le montant de la dépense à faire pour payer des ouvriers, sachant combien gagne chacun d'eux par jour ; on en déduit aussi le montant de la dépense pour un temps déterminé, par exemple une semaine ;

3° Le temps nécessaire pour faire un certain nombre d'unités d'un ouvrage déterminé, connaissant le temps employé pour faire une unité de cet ouvrage, etc.

CHAPITRE IV

De la division des nombres entiers.

60. La *division* est une opération qui a pour but de chercher combien de fois une certaine quantité contient une autre quantité de même espèce. Le résultat s'appelle

quotient ; la première quantité donnée s'appelle *dividende*, la seconde s'appelle *diviseur.*

En arithmétique, le dividende et le diviseur sont remplacés par des nombres, et l'on peut dire que la division a pour but de chercher combien de fois un nombre donné contient un autre nombre donné. Nous supposerons dans ce chapitre que le dividende, le diviseur et le quotient, sont des nombres entiers.

Pour indiquer une division, on écrit le dividende, et à sa droite le diviseur, en les séparant par le signe : , qui s'énonce *divisé par.* Ainsi, pour indiquer la division de 18 par 6, on écrit 18 : 6, et on énonce *dix-huit divisés par six.* Ou bien encore on écrit le diviseur au-dessous du dividende, en les séparant par un trait horizontal ; on écrira par exemple $\dfrac{18}{6}$, et, dans ce cas, on se contente le plus souvent d'énoncer les nombres tels qu'ils sont écrits en disant : *dix-huit sur six.*

61. D'après la définition, on pourrait chercher le quotient au moyen de soustractions successives, on retrancherait le diviseur du dividende, puis le diviseur du reste, puis de nouveau le diviseur du reste, autant de fois que cela serait possible. Le nombre de soustractions faites serait le quotient cherché.

On déduit de là une relation fort importante entre les diverses quantités qui entrent dans l'opération. Proposons-nous, par exemple, de diviser 78 par 8. Nous retranchons d'abord 8 de 78 ; nous avons pour reste 70, et par suite nous avons l'égalité :

$$78 = 8 + 70.$$

En retranchant 8 de 70, on trouve 62 pour reste ; on a donc, en remplaçant 70 par son égal 8 + 62,

$$78 = 8 + 8 + 62 = 8 \times 2 + 62.$$

Après une troisième opération on a :

$$78 = 8 \times 3 + 54,$$

et ainsi de suite. On verra que, après un nombre quelconque d'opérations, le dividende est égal au produit du diviseur par le nombre de soustractions effectuées, plus le reste de la dernière soustraction. Au bout d'un certain nombre d'opérations successives, on arrivera à un reste inférieur au diviseur ; on ne pourra pas aller plus loin. Le nombre de soustractions faites sera, d'après ce que nous avons dit, le quotient ; on en tire cette relation fondamentale :

Dans une division, le dividende est égal au produit du diviseur par le quotient, plus le reste qui est toujours inférieur au diviseur.

Cette relation est caractéristique de la division, et il faut toujours indiquer les diverses parties de l'opération au moyen de cette égalité. Ainsi, dans l'exemple précédent, pour indiquer que si l'on divise 78 par 8 on obtient 9 pour quotient et 6 pour reste, on écrit :

$$78 = 8 \times 9 + 6.$$

Inversement, cette égalité nous apprend que le nombre 78 contient au moins 9 fois le nombre 8, et ne le contient pas 10 fois, car le nombre 6 étant inférieur à 8, on en déduit que $8 \times 9 + 6$ est inférieur à $8 \times 9 + 8$, ou 8×10 ; donc si l'on divise 78 par 8, on obtiendra comme quotient 9, et comme reste 6.

62. On déduit de là que la division peut être considérée comme ayant pour but de chercher le plus grand multiple du diviseur qui soit contenu dans le dividende. Dans le cas particulier où le reste est nul, le dividende est égal au produit du diviseur par le quotient ; dans ce cas on définit quelquefois la division, une opération qui a pour but, connaissant un produit et l'un de ses facteurs, de trouver l'autre facteur. Ou bien encore, puisque le dividende est égal au quotient multiplié par le diviseur, on dit que la division a pour but de partager un nombre en autant de parties égales qu'il y a d'unités au diviseur ; le quotient indique la valeur de chacune de ces parties.

63. Il est facile de comprendre que cette manière de trouver le quotient par une suite de soustractions successives serait bientôt impraticable. Nous allons chercher

un moyen de faire l'opération plus rapidement, et pour
cela, nous allons considérer successivement dans la
théorie de la division plusieurs cas, suivant le nombre
de chiffres du diviseur et le nombre de chiffres du quotient. Nous allons d'abord montrer que l'on peut toujours,
à *priori*, déterminer le nombre de chiffres des quotients
en déterminant l'ordre de ses plus hautes unités.

64. Soit, par exemple, à diviser 857342 par 768. Prenons, à gauche du dividende, un nombre suffisant pour
contenir au moins une fois et moins de dix fois le diviseur ; pour cela, je prends d'abord autant de chiffres qu'il
y en a dans le diviseur ; si le nombre ainsi obtenu est
plus grand que le diviseur, c'est le nombre cherché ; dans
le cas contraire, on prend un chiffre de plus au dividende. Ici, je prendrai autant de chiffres au dividende
qu'il y en a au diviseur ; je prendrai donc le nombre 857.
Je dis que l'ordre d'unités représenté par le dernier chiffre 7 de ce nombre, c'est-à-dire l'ordre des mille, indique
précisément l'ordre des plus hautes unités du quotient.

En effet, d'après ce que nous avons dit, on a la double
inégalité

$$768 \times 1 < 857 < 768 \times 10; \quad (^*)$$

de plus, les deux nombres 857 et 768×10 étant des nombres entiers, leur différence est au moins égale à une
unité. Je multiplie tous les membres de cette double inégalité par 1000, et j'ai

$$768 \times 1000 < 857000 < 768 \times 10000;$$

de plus, les nombres 857000 et 768×10000 diffèrent de
au moins mille unités. Donc, je puis augmenter le plus
petit d'une quantité moindre que 1000, et l'inégalité
subsistera ; on y aura donc encore

$$768 \times 1000 < 857342 < 768 \times 10000.$$

Cette double inégalité nous apprend que le diviseur 768
est contenu au moins 1000 fois dans le dividende 857342,
et n'y est pas contenu 10000 fois ; en d'autres termes,

(*) Le signe $<$ s'énonce *plus petit que* ; le signe $>$ s'énonce *plus grand que* ;
ainsi, la première inégalité ci-dessus s'énonce *768 multiplié par 1 plus petit que 857*.

que le quotient est compris entre 1000 et 10000, ou bien que ses plus hautes unités sont de l'ordre des mille.

On voit donc que, *pour trouver le nombre de chiffres du quotient, on prend sur la gauche du dividende un nombre suffisant pour contenir au moins une fois et moins de dix fois le diviseur; on compte combien on laisse de chiffres à droite de ce nombre dans le dividende; le nombre de chiffres négligés, plus un, est le nombre de chiffres du quotient.*

65. D'après cela, nous distinguerons, dans la théorie de la division, les cas suivants :

PREMIER CAS : *Le diviseur a un seul chiffre, et le quotient un seul chiffre.*

Soit, par exemple, à diviser 59 par 8. Nous devons, d'après ce que nous avons dit, chercher le plus grand multiple du diviseur 8 qui puisse être retranché du dividende. La table de multiplication contient, dans chacune de ses colonnes verticales, les neuf premiers multiples des nombres d'un seul chiffre. Prenons la colonne verticale qui commence par le diviseur 8; dans cette colonne nous trouverons, ou bien le dividende, s'il est un multiple exact du diviseur, ou bien deux multiples consécutifs entre lesquels est contenu le dividende. Ici, nous verrons que 59 est compris entre 56, qui est égal à 8×7, et 64, qui est égal à 8×8. Il en résulte que le plus grand multiple du diviseur contenu dans le dividende est 56 ; par suite le quotient est 7 ; on a immédiatement le reste en retranchant 56 du dividende.

66. DEUXIÈME CAS : *Le diviseur est un chiffre significatif suivi de zéros; le quotient n'a qu'un chiffre.*

Soit par exemple à diviser 5974 par 800. Quel que soit le quotient, en le multipliant par un certain nombre de centaines, on ne peut obtenir que des centaines, qui ne seront contenues que dans les 59 centaines du dividende, et par suite, pour obtenir le quotient, il suffira de diviser 59 centaines par 8 centaines, ou 59 par 8, opération que nous savons faire, d'après le cas précédent.

67. TROISIÈME CAS : *Le diviseur est quelconque; le quotient n'a qu'un chiffre.*

Proposons-nous de diviser 5974 par 842. Si nous remplaçons le diviseur exact par un diviseur plus simple, obtenu en remplaçant tous les chiffres, à l'exception du chiffre de gauche, par des zéros, nous revenons au second cas. Nous obtenons alors au quotient le chiffre exact ou un chiffre trop fort. En effet, le diviseur auxiliaire, étant plus faible que le diviseur complet, peut être contenu plus de fois dans le dividende. On s'assurera facilement de l'exactitude du chiffre obtenu en multipliant le diviseur complet par le quotient; si le produit est inférieur au dividende, le quotient est exact; dans le cas contraire, on le diminue d'une unité, et on essaye le nouveau nombre ainsi formé; on continue de la même manière jusqu'à ce que l'on obtienne un produit qui puisse se retrancher du dividende; le nombre qui a donné ce produit est le quotient cherché. Dans l'exemple considéré, si on veut diviser 5974 par 842, on divisera 59 par 8; on trouve 7 au quotient; le chiffre 7 est le quotient de l'opération proposée, parce que $842 \times 7 = 5894$, nombre inférieur au dividende.

Quelquefois, pour limiter les essais, on force le diviseur, en remplaçant le premier chiffre du diviseur par le chiffre suivant; ainsi, dans l'exemple précédent, on essayerait la division par 900, au lieu de 842; on verrait par le même raisonnement que précédemment que le quotient obtenu est le quotient exact ou un quotient trop faible; on reconnaîtra qu'il est trop faible si le produit du diviseur exact par le quotient obtenu, retranché du dividende, donne un reste supérieur au diviseur.

Dans le cas particulier où les deux chiffres obtenus au moyen de ces deux diviseurs auxiliaires sont égaux, leur valeur commune est le chiffre exact du quotient, car il ne peut être à la fois trop fort et trop faible.

68. QUATRIÈME CAS OU CAS GÉNÉRAL : *Le diviseur et le quotient sont quelconques.*

Soit, par exemple, à diviser 599426 par 842. Je cherche d'abord, comme je l'ai dit plus haut, à déterminer l'ordre des plus hautes unités du quotient. Ici, ces plus hautes unités seront des centaines, puisque, pour trouver un nombre qui contienne au moins une fois, et moins de dix fois le diviseur, il faut prendre, dans le dividende, le nombre formé par les centaines. Je cherche le quotient de la division des 5994 centaines du dividende par le diviseur 842, opération que je sais faire, d'après le troisième cas. J'obtiens comme quotient 7; je dis que 7 est le chiffre exact des centaines du quotient. En effet, par définition, le dividende 5994 est compris entre 7 fois le diviseur, et 8 fois le diviseur ; j'ai donc la double inégalité

$$842 \times 7 < 5994 < 842 \times 8.$$

De plus, 5994 et 842 × 8 étant des nombres entiers, diffèrent au moins d'une unité ; multiplions le tout par 100, nous avons

$$842 \times 700 < 599400 < 842 \times 800.$$

Les nombres 599400 et 842 × 800 diffèrent au moins de une centaine, par conséquent, si j'ajoute au plus petit une quantité inférieure à 100, l'inégalité subsistera dans le même sens ; nous aurons donc

$$842 \times 700 < 599426 < 842 \times 800.$$

Donc on voit que le dividende contient au moins 700 fois le diviseur et qu'il ne le contient pas 800 fois ; donc le quotient est compris entre 700 et 800 ; par suite le chiffre des centaines du quotient est 7 exactement.

Cela posé, nous savons que le dividende est égal au produit du diviseur par le quotient, plus le reste ; le quotient contient des centaines, des dizaines et des unités ; par suite, si du dividende nous retranchons le produit du diviseur par les centaines du quotient, la différence contiendra le produit du diviseur par l'autre partie du quotient, plus le reste.

Or, le produit de 842 par les 7 centaines du quotient donne un nombre exact de centaines qui seront contenues dans les 5994 centaines du dividende. Donc, si de 5994 je retranche le produit par 7 du nombre 842, et que, à droite du reste, j'abaisse les 26 unités du dividende, qui n'ont pas encore été employées, j'aurai un nombre qui contiendra le produit du diviseur par l'autre partie du quotient, plus le reste. Je suis donc ramené à une division qui ne diffère de la précédente que parce que le quotient renferme un chiffre de moins.

Pour trouver le chiffre des dizaines du quotient de la division du nombre 10026 ainsi formé par 842, je suis ramené à chercher le quotient de la division du nombre 1002 par 842 ; et ainsi de suite.

Dans la pratique, on fait l'opération de la manière suivante : soit à diviser 599426 par 842.

On écrit le dividende 599426, puis à sa droite le diviseur 842, que l'on sépare du dividende par un trait vertical ; on souligne le diviseur ; puis on prend à gauche du dividende le nombre 5994 qui contient moins de dix fois le diviseur ; on cherche à diviser ce nombre par le diviseur, et pour cela on dit : en 59 combien de fois 8 ; il y est 7 fois, on écrit 7 au-dessous du diviseur, on multiplie 842 par 7, et on obtient 5894, que l'on retranche du nombre 5994 ; on trouve comme reste 100 ; à droite du reste, on écrit le premier chiffre non employé du dividende ; on obtient ainsi 1002 ; on divise 1002 par 842 ; on trouve comme quotient 1 ; on écrit ce quotient à droite du chiffre 7, puis on multiplie 842 par 1, et on retranche le produit de 1002 ; à droite du reste 160, on abaisse le chiffre 6 du dividende ; on divise 1606 par 842 ; le quotient 1 s'écrit à droite de la partie trouvée au quotient ; on retranche 842 de 1606, et le reste 764 est le reste de la division de 599426 par 842.

69. D'après cela, on a la règle suivante :

Pour faire une division, on écrit le dividende, et à sa droite le diviseur, que l'on sépare du dividende par un trait vertical ; on souligne le diviseur ; puis, on prend sur la gauche du dividende un nombre suffisant pour contenir au moins une fois, et moins de dix fois le diviseur ; on divise ce nombre par le diviseur, et on écrit le résultat au-dessous du diviseur. On multiplie le diviseur par le quotient obtenu, et on retranche le produit du dividende partiel employé ; à droite du reste, on abaisse le chiffre suivant du dividende, et l'on divise le nombre ainsi formé par le diviseur ; on écrit le quotient à droite du quotient précédent ; on multiplie le diviseur par le chiffre ainsi trouvé ; on retranche le produit du second dividende partiel ; à droite du reste, on abaisse le premier chiffre non employé du dividende, et on continue de la même manière jusqu'à ce que l'on ait abaissé tous les chiffres du dividende ; le reste de la dernière division partielle, s'il y en a un, est le reste de la division donnée.

70. REMARQUE I. Si, après avoir abaissé un chiffre à droite d'un reste, on obtient un nombre inférieur au diviseur, on met un zéro au quotient, et on abaisse le chiffre suivant du dividende, puis on continue l'opération comme précédemment.

REMARQUE II. Après avoir obtenu un chiffre au quotient, on peut simultanément multiplier le diviseur par ce chiffre et soustraire le produit du dividende correspondant ; cependant, comme cette double opération est un peu plus difficile dans la pratique que la succession des deux opérations, nous conseillerons d'écrire le produit au-dessous du dividende employé, et de ne faire la soustraction qu'après avoir effectué complètement le produit. Cette méthode présente en outre l'avantage que, si le même chiffre revient plusieurs fois au quotient, les produits seront faits une fois pour toutes.

REMARQUE III. Lorsque le quotient doit contenir un certain nombre de chiffres, ou bien lorsque l'on doit, dans une série de calculs, employer plusieurs fois le même diviseur, il est bon de faire une table des *neuf premiers multiples* du diviseur.

On construit cette table de la manière suivante : sur une première colonne verticale, on écrit les neuf premiers nombres ; sur une seconde, on écrit en regard les neuf premiers multiples du diviseur, obtenus en additionnant toujours le premier multiple avec le dernier trouvé, comme on fait pour former une colonne quelconque de la table de multiplication. Pour se servir de cette table, qui évite des tâtonnements, on cherche le plus grand multiple du diviseur contenu dans le dividende partiel que l'on emploie ; le chiffre placé à gauche de ce multiple est le quotient ; en retranchant du dividende le multiple considéré, on a immédiatement le reste. Dans ce cas, on peut se dispenser d'écrire le produit au-dessous du dividende partiel employé.

71. Pour faire la preuve de la division, on s'appuie sur la relation fondamentale que l'on a indiquée. Si au produit du diviseur par le quotient on ajoute le reste, on doit reproduire le dividende.

72. THÉORÈME. *Si l'on multiplie le dividende et le diviseur d'une division par un même nombre, le quotient ne change pas, mais le reste est multiplié par ce nombre.*

Soit à diviser 87 par 12, je trouve comme quotient 7 et comme reste 3 ; j'ai donc l'égalité

$$87 = 12 \times 7 - 3.$$

Je multiplie le premier membre par 5 : pour ne pas changer l'égalité, je devrai multiplier le second membre par 5 : ce second membre est une somme, et par suite il me suffira de multiplier chacune de ses parties par 5 : de plus, la première partie est un produit, que je multiplierai par 5 en multipliant l'un de ses facteurs par 5. J'aurai donc

$$87 \times 5 = 12 \times 5 \times 7 - 3 \times 5.$$

Or, 3 étant plus petit que 12, 3×5 est plus petit que 12×5. Donc cette égalité me montre que, si je prends comme dividende 87×5 et comme diviseur 12×5, le quotient sera encore 7, et que le reste 3×5, ce qui démontre le théorème.

73. Nous ferons connaître l'utilité de la division en citant quelques-uns des problèmes les plus usuels qui réclament son emploi : on se sert de la division pour :

1° Chercher la part qui revient à une seule personne si l'on partage également une certaine somme entre un nombre donné de personnes ;

2° Chercher inversement entre combien de personnes a été partagée une somme, connaissant la part de chacun ;

3° Déterminer le temps employé pour faire une unité d'un certain ouvrage, connaissant le temps employé pour un certain nombre d'unités de cet ouvrage; inversement, sachant le temps employé à faire une unité d'un ouvrage, chercher combien on fera d'unités de cet ouvrage en un temps donné, etc.

74. REMARQUE. Si le dividende et le diviseur sont d'espèces différentes, le quotient représente des unités de même espèce que le dividende; si au contraire le dividende et le diviseur sont de même espèce, le quotient est abstrait.

CHAPITRE V

Des nombres décimaux.

75. Lorsque l'on mesure une grandeur continue, il peut arriver qu'elle ne contienne pas exactement un certain nombre de fois l'unité choisie; il reste alors à mesurer une portion de grandeur plus petite que l'unité que l'on a employée tout d'abord. Il faut donc employer, pour cette mesure, une nouvelle unité. Alors, de même que l'on a été amené, dans l'étude de la numération, à admettre des unités de divers ordres, telles que dix unités d'un ordre forment une unité de l'ordre suivant, de même, continuant ce mode de groupement, on a divisé l'unité en dix parties égales, appelées *dixièmes;* chaque dixième se divise en dix parties égales appelées *centièmes*, etc.; et pour mesurer la partie restante, on cherche combien elle contient de dixièmes; puis, si l'on trouve encore un reste, combien ce reste contient de centièmes, et ainsi de suite.

76. La manière même dont se succèdent les unités décimales des différents ordres permet de leur appliquer, pour l'écriture, la convention ordinaire indiquée dans la numération. Nous avons dit, en effet, que tout chiffre placé à la droite d'un autre représentait des unités dix fois plus petites que celles indiquées par cet autre chiffre. Il

en résulte que si, dans un nombre, un chiffre désigné d'avance représente des unités, le chiffre placé à sa droite représentera des dixièmes, le chiffre à droite des dixièmes représentera des centièmes, etc. On pourra donc écrire un nombre décimal sous la même forme qu'un nombre entier, à la condition de faire connaître, par un signe particulier, la position exacte du chiffre des unités. Dans la pratique, on se contente de mettre une virgule à droite du chiffre des unités, entre ce chiffre et celui des dixièmes.

Ainsi, pour indiquer que dans le nombre 235786 le chiffre 5 représente des unités, on écrit

$$235{,}786.$$

Si le nombre décimal ne contenait pas de partie entière, il faudrait indiquer par un zéro suivi d'une virgule la place de la partie entière. Si, en outre, les premiers ordres d'unités décimales viennent à manquer, on aura soin de les remplacer par des zéros. Ainsi, pour écrire un nombre qui contient deux dixièmes et quatre centièmes, on écrira

$$0{,}24 ;$$

Pour un nombre qui contiendrait huit millièmes et trois dix-millièmes, on écrirait

$$0{,}0083,$$

puisqu'il n'y a ni dixièmes ni centièmes.

77. Pour énoncer un nombre décimal, on énonce d'abord la partie entière comme si elle était seule, puis la partie décimale comme si elle était seule, en ayant soin d'indiquer l'ordre d'unités décimales représentées par son dernier chiffre à droite ; s'il n'y a pas de partie entière, on l'indique en disant : *Zéro unités*, puis on énonce la partie décimale en négligeant les zéros qui peuvent se trouver immédiatement à droite de la virgule. Ainsi

Le nombre 235,786   s'énoncera 235 *unités*, 786 *millièmes* ;
    —   0,24   —   0 *unités*, 24 *centièmes* ;
    —   0,0083   —   0 *unités*, 83 *dix-millièmes*.

On peut aussi énoncer le nombre sans tenir compte de la virgule, en indiquant seulement l'ordre d'unités de son dernier chiffre. Ainsi le premier nombre cité plus haut peut s'énoncer 235786 *millièmes*.

78. THÉORÈME. *On multiplie un nombre décimal par 10, 100, 1000 ... en déplaçant la virgule de un, deux, trois ... rangs sur la droite, et on divise un nombre décimal par 10, 100, 1000 ... en déplaçant la virgule de un, deux, trois ... rangs vers la gauche.*

Prenons les deux nombres

$$27,3468 \quad \text{et} \quad 2734,68.$$

D'après ce que nous avons dit sur l'emploi de la virgule, le dernier chiffre à droite indique, dans le premier nombre, des dix-millièmes et dans le second des centièmes, c'est-à-dire des unités cent fois plus grandes que les premières. De plus, si on énonce les nombres, abstraction faite de la virgule, ils sont égaux; donc le second nombre est bien cent fois plus grand que le premier.

Inversement, si on passe du second nombre au premier, on voit que, en déplaçant la virgule d'un nombre décimal de deux rangs vers la gauche, on divise ce nombre par cent.

79. THÉORÈME. *On ne change pas la valeur d'un nombre décimal, quand on écrit un certain nombre de zéros à sa droite.*

Je dis par exemple que le nombre 3,57 est équivalent au nombre 3,57000. En effet, le premier nombre contient 357 centièmes, et le second contient 357 fois mille cent-millièmes. Or, mille cent-millièmes valent un centième; donc le second nombre contient 357 fois un centième, ou 357 centièmes. On voit donc bien que les deux nombres ont la même valeur.

80. THÉORÈME. *Si, dans un nombre décimal, on supprime tous les chiffres à droite à partir d'un certain ordre décimal, l'erreur commise est moindre que une unité de l'ordre du dernier chiffre conservé.*

Je prends le nombre 27,358649, et je supprime tous les chiffres décimaux à partir du chiffre 8, et je dis que en agissant ainsi je commets une erreur moindre que un centième, c'est-à-dire moindre que une unité de l'ordre du dernier chiffre conservé.

En effet, je prends le nombre 27358649, que j'obtiens en supprimant la virgule dans le nombre donné. Je sais d'abord que ce nombre est plus grand que 27350000, mais moindre que 27359999, et, à plus forte raison, que le nombre obtenu en ajoutant une unité à ce dernier nombre, c'est-à-dire 27360000. On a donc la double inégalité

$$27350000 < 27358649 < 27360000.$$

Par suite, si je fais exprimer des millionièmes à tous ces nombres, et que je supprime immédiatement les zéros inutiles, j'aurai

$$27,35 < 27,358649 < 27,36,$$

ce qui nous montre bien que la différence entre le nombre donné et 27,35 est moindre que la différence entre le même nombre et 27,36, c'est-à-dire moindre que un centième.

81. Remarque. — Dans la pratique on laisse le dernier chiffre à droite tel qu'il est, lorsque le premier chiffre supprimé est inférieur à 5; dans le cas contraire, on prend le nombre obtenu en forçant d'une unité le dernier chiffre conservé; de cette manière, l'erreur que l'on commet est toujours moindre qu'une demi-unité du dernier ordre conservé; seulement le nombre est pris par défaut ou par excès. Ainsi, dans l'exemple précédent, il sera préférable de prendre le nombre par excès, et on prendra le nombre 27,36, si l'on veut s'arrêter aux centièmes dans l'évaluation du nombre donné, et on commettra une erreur moindre que un demi-centième.

82. *Addition des nombres décimaux.* — Nous avons vu que, d'une part, on écrit les nombres décimaux comme les nombres entiers, et que, d'autre part, on peut toujours, en écrivant des zéros à droite d'un nombre décimal, l'amener à représenter des unités décimales d'un ordre donné sans changer sa valeur. Il en résulte que, pour ajouter des nombres décimaux, nous pourrons d'abord les

ramener à exprimer tous des unités de même ordre que les plus faibles unités comprises dans les nombres donnés. Ensuite, nous ajoutons ces nombres comme si nous avions des nombres entiers, et nous ferons exprimer à la somme des unités de même ordre que celles des nombres donnés. Dans la pratique, on se dispense d'écrire les zéros à droite des nombres décimaux, mais on a soin de bien écrire les nombres les uns sous les autres de façon que les unités simples soient dans une même colonne verticale ; alors les nombres seront écrits de telle manière que les unités de même ordre soient toujours dans une même colonne verticale.

D'après cela, on a la règle suivante : *Pour additionner plusieurs nombres décimaux, on les écrit les uns au-dessous des autres de façon que les unités de même ordre soient dans une même colonne verticale ; on fait l'opération comme pour les nombres entiers, et, lorsque l'opération est terminée, on fait exprimer des unités simples au chiffre du résultat qui se trouve sous la colonne des unités simples des nombres donnés.*

83. *Soustraction des nombres décimaux.* — Ce que nous venons de dire pour l'addition des nombres décimaux s'applique à la soustraction. Seulement, dans la pratique, on a soin de mettre les zéros qui manquent à la droite des nombres, surtout lorsqu'ils manquent à la droite du plus grand nombre, afin d'éviter les erreurs. On en déduit la règle suivante :

Pour faire la soustraction des nombres décimaux, on écrit, c'est nécessaire, des zéros à droite de l'un des nombres, de façon que les deux nombres représentent des unités décimales de même ordre ; puis on fait la soustraction comme pour les nombres entiers, et l'on fait exprimer au résultat des unités même ordre que celles représentées par les nombres donnés.

Ainsi, par exemple, si du nombre 28,34 je veux retran-
17,54738, je commence par écrire trois zéros à droite du premier nombre, et je retranche 17,54738 de 28,34000 ; ensuite, lorsque j'ai obtenu le résultat 10,79262, je fais exprimer à ce résultat des cent millièmes, comme les nombres donnés.

$$28,34000$$
$$17,54738$$
$$\overline{10,79262}$$

84. *Multiplication des nombres décimaux.* — Lorsque le multiplicateur n'est pas un nombre entier, la définition que nous avons donnée précédemment de la multiplication ne peut plus être employée. Dans ce cas, on prend la définition suivante : *La multiplication a pour but de chercher un nombre appelé produit, qui soit formé avec le multiplicande comme le multiplicateur est formé avec l'unité.*

Cette définition comprend celle que nous avons donnée plus haut pour les nombres entiers. En effet, si le multiplicateur est entier, on l'obtient en ajoutant un certain nombre de.fois l'unité à elle-même, et le produit s'obtient aussi en ajoutant le même nombre de fois le multiplicande à lui-même. Nous retrouvons ainsi la définition de la multiplication des nombres entiers.

85. Si le multiplicateur est un nombre entier, il est facile de voir que pour multiplier par exemple 587 mètres par 8, il suffit de multiplier 587 par 8, et de faire exprimer des mètres au produit ; de même, pour multiplier 587 centièmes par 8, il suffit de multiplier 587 par 8, et de faire exprimer des centièmes au résultat ; donc, dans ce cas, on fait la multiplication sans s'occuper de la virgule du multiplicande, et au produit on sépare sur la droite autant de chiffres décimaux qu'il y en a au multiplicande ; c'est du reste une conséquence immédiate de ce que nous avons dit pour l'addition des nombres décimaux ; car, lorsque le multiplicateur est entier, la multiplication n'est qu'un cas particulier de l'addition.

86. Si le multiplicateur n'est pas entier, nous distinguerons deux cas dans la multiplication des nombres décimaux.

Premier cas. — *Le multiplicateur est* une seule unité *d'un ordre décimal quelconque.* Soit par exemple à multiplier 5743,258 par 0,01. Par définition, le multiplicateur a été formé en divisant l'unité par 100 ; donc on formera le produit en divisant le multiplicande par 100 ; c'est-à-dire en déplaçant la virgule de deux rangs vers la gauche, ce qui donnera le nombre 57,43258.

On peut remarquer que le multiplicateur contenait deux chiffres décimaux, et que le produit contient deux chiffres décimaux de plus que le multiplicande, c'est-à-dire autant qu'il y en a dans les deux facteurs.

87. DEUXIÈME CAS. — *Le multiplicateur est un nombre décimal quelconque.* Soit à multiplier 5743,258 par 8,45; pour former le multiplicateur, on divise l'unité par 100, et on multiplie le résultat par 845. Donc, pour former le produit on divisera le multiplicande par 100, en déplaçant la virgule de deux rangs vers la gauche, et on sera ramené à multiplier le nombre décimal 57,43258 par 845, opération que nous savons faire; le résultat de cette dernière opération aura cinq chiffres décimaux, c'est-à-dire deux de plus que le multiplicande primitif; et comme précédemment on remarquera que le produit contient autant de chiffres décimaux qu'il y en a dans les deux facteurs à la fois.

88. Des raisonnements que nous venons de faire, on déduit la règle générale suivante :

Pour faire la multiplication des nombres décimaux, on opère comme pour les nombres entiers, en multipliant les deux facteurs l'un par l'autre, abstraction faite de la virgule; puis, lorsque l'opération est terminée, on sépare à la droite du produit autant de chiffres décimaux qu'il y en a dans les deux facteurs réunis.

89. REMARQUE. — Il résulte de la définition que le mot *multiplier* ne veut pas toujours dire *augmenter*. En effet, si le multiplicateur est plus petit que l'unité, le produit sera plus petit que le multiplicande, en vertu même de la définition générale donnée plus haut pour l'opération.

Il est bon de remarquer en outre que la preuve de la multiplication des nombres entiers, fondée sur l'interversion des facteurs, peut s'appliquer aussi aux nombres décimaux. En effet, d'une part la valeur absolue du produit ne change pas, puisque cette valeur absolue s'obtient par le produit des facteurs, considérés comme entiers; d'autre part, le nombre de chiffres décimaux du produit est toujours égal à la somme des nombres de chiffres décimaux des deux facteurs; et l'on sait que la somme de deux nombres est indépendante de l'ordre dans lequel on prend ces deux nombres.

90. *Division des nombres décimaux.* — Nous distinguerons deux cas dans la division des nombres décimaux.

PREMIER CAS. — *Le diviseur est un nombre entier.* Remarquons que, diviser un certain nombre de mètres par un nombre entier, 8 par exemple, c'est chercher le plus grand nombre de mètres dont le produit par 8 soit compris dans le dividende ; par conséquent, pour faire l'opération on divisera par 8 le nombre donné, d'après la règle connue pour les nombres entiers, et on fera exprimer des mètres au résultat. De même, diviser par 8 un certain nombre de millièmes, c'est chercher le plus grand nombre de millièmes dont le produit par 8 est contenu dans le dividende, et pour trouver ce nombre, on divisera par 8 le dividende donné, et on fera exprimer des millièmes au quotient.

Ce que nous venons de dire suffit pour justifier la règle suivante : *Pour diviser un nombre décimal par un nombre entier, on opère comme si le dividende était entier; seulement, à droite du résultat, on sépare autant de chiffres décimaux qu'il y en a au dividende.*

91. DEUXIÈME CAS. — *Le diviseur est un nombre décimal.* On sait que l'on ne change pas la valeur d'un quotient quand on multiplie le dividende et le diviseur par un même nombre ; le reste seul est multiplié par ce nombre. D'après cela, si je multiplie le dividende et le diviseur par un même nombre choisi de telle manière que le diviseur soit entier, je serai ramené au cas précédent ; dans la pratique, on se contente de supprimer la virgule du diviseur, ce qui revient à le multiplier par l'unité suivie d'un certain nombre de zéros ; on multiplie le dividende par le même nombre en déplaçant la virgule d'autant de rangs vers la droite dans le dividende que dans le diviseur.

92. On en déduit la règle générale suivante : *Pour faire une division de nombres décimaux, on supprime la virgule au diviseur, et on la déplace au dividende d'autant de rangs vers la droite qu'il y avait de chiffres décimaux au diviseur. Ensuite on fait la division comme s'il s'agissait de nombres entiers ; mais on sépare sur la droite du quotient autant de chiffres décimaux qu'il en restait au dividende modifié. Le reste, s'il y*

en a un, exprime des unités décimales de même ordre que celles du dernier chiffre du dividende primitif.

93. Lorsque l'on doit effectuer une division décimale, on a souvent besoin, dans la pratique, de s'arrêter à un ordre décimal déterminé au quotient. Si alors le dividende, après que le diviseur a été rendu entier, contient assez de chiffres décimaux, on s'arrête lorsque l'on a abaissé le chiffre du diviseur qui représente des unités de l'ordre demandé; il revient au même, si l'on a soin de mettre immédiatement une virgule au quotient, avant d'abaisser le chiffre des dixièmes du dividende, de s'arrêter lorsque l'on a obtenu à ce quotient l'ordre décimal demandé. Si le dividende ne contenait pas assez de chiffres décimaux, on devrait écrire les zéros nécessaires à la droite du dividende; dans la pratique, on les écrit seulement à mesure qu'on en a besoin, à droite de chaque reste. Ainsi, par exemple, je veux obtenir à un dix-millième près le quotient de la division de 547,358 par 45,27, je commence par chercher le quotient de la division, de 54735,8 par 4527; j'obtiens 12,0 comme quotient et comme reste 4118; à droite de ce reste, j'écris un zéro; je prends le nombre 41180 comme dividende; j'obtiens pour quotient 9, et pour reste 437; le dividende suivant sera 4370, qui donnera pour quotient zéro; et par suite le dividende suivant sera 43700, qui donne pour quotient 9, et pour reste 2957; j'ai soin d'écrire chacun des quotients ci-dessus indiqués à droite du quotient précédent; le quotient de la division de 547,358 par 45,27 sera, à un dix-millième près, 12,0909.

Ordinairement, si le dernier reste est supérieur à la moitié du diviseur, on force d'une unité le dernier chiffre du quotient pour avoir ce quotient avec une erreur moindre que une demi-unité de l'ordre du dernier chiffre. Ainsi, ici le quotient, à un demi-dix-millième près, serait 12,0910, par excès.

CHAPITRE VI

Du système métrique.

94. On appelle *Système métrique* l'ensemble des unités adoptées par la loi pour mesurer les principales grandeurs que l'on considère dans les usages ordinaires de la vie. Ces grandeurs sont :

> *Les longueurs,*
> *Les surfaces,*
> *Les volumes* ou *capacités,*
> *Les poids,*
> *Les valeurs,* ou *grandeurs monétaires.*

Le système des poids et mesures employé en France, et accepté maintenant par la plus grande partie des nations civilisées, a été établi en vertu d'une décision de l'*Assemblée constituante*, prise le 8 mai 1790. L'Académie des sciences proposa de prendre pour base du nouveau système de mesures de longueur la dix-millionième partie du quart du méridien terrestre, de rapporter le poids des corps à celui d'un certain volume d'eau distillée, et d'assujettir les mesures à la division décimale. Ce projet fut adopté par la *Convention* le 7 avril 1795. Deux astronomes français, *Méchain* et *Delambre*, furent chargés de mesurer l'arc de méridien qui traverse la France en passant par Paris ; cette grande opération fut terminée en 1798, et, l'année suivante, les étalons du *mètre* et du *kilogramme* furent déposés aux Archives nationales. Le nouveau système est devenu obligatoire en France depuis le premier janvier 1840.

Dans ce système, toutes les mesures dérivent d'une seule mesure type, le *mètre*, qui pourrait, le cas échéant, être retrouvée facilement, puisqu'elle dépend exclusivement des dimensions de la terre.

95. Pour faciliter la mesure des grandeurs, on a formé, outre l'unité principale pour chaque mesure, des multiples et des sous-multiples décimaux de cette unité. On a donné aux multiples des noms particuliers tirés du grec, et aux sous-multiples des noms tirés du latin ; les uns et les autres se placent en avant du nom dont ils doivent modifier la valeur.

On emploie, pour les multiples, les préfixes

> *Myria* qui signifie *dix mille.*
> *Kilo*   —   *mille.*
> *Hecto*   —   *cent.*
> *Déca*   —   *dix.*

Pour les sous-multiples, on emploie les préfixes

> *Déci* qui signifie *dixième partie.*
> *Centi*   —   *centième partie.*
> *Milli*   —   *millième partie.*

En parlant de chacune des espèces de grandeur, on indiquera ceux des multiples et sous-multiples qui sont employés, ainsi que la forme particulière que la loi leur impose. Disons immédiatement que, en outre des multiples et sous-multiples décimaux, la loi autorise l'emploi du double et de la moitié de l'unité de chacun des multiples et sous-multiples.

96. *Mesures de longueur.* — L'unité fondamentale de longueur est le *mètre*, qui est, comme nous l'avons dit, la dix-millionième partie du quart du méridien terrestre. Il possède tous les multiples et sous-multiples ; par suite, la série des mesures légales de longueur est :

> *Le myriamètre.*   *Le mètre.*
> *Le kilomètre.*   *Le décimètre.*
> *L'hectomètre.*   *Le centimètre.*
> *Le décamètre.*   *Le millimètre.*

Les trois premières de ces mesures servent principalement à la mesure des routes ; d'où le nom de *mesures itinéraires* qui leur est donné. Elles n'existent pas comme mesures réelles ; mais on désigne sur les routes l'extrémité des kilomètres successifs, à partir d'un point déterminé, par des bornes en pierre, à peu près à hauteur d'appui. On compte rarement par myriamètres.

97. Un certain nombre de mesures de longueur, qui ne rentrent pas dans les précédentes, ont été conservées, soit parce qu'elles ont un usage spécial, soit par suite de l'habitude, qui a fait donner à certaines mesures métriques des noms rappelant d'anciennes mesures, dont elles se rapprochent. Nous allons indiquer les principales de ces mesures.

On divise la circonférence de la terre en 360 parties égales appelées *degrés*. Chaque degré se divise en 25 parties égales appelées *lieues géographiques*. Il y a ainsi 9000 lieues géographiques dans la circonférence de la terre. Chacune d'elles vaut $4444^m,444$.

Dans le langage ordinaire, ce que l'on appelle *lieue commune* ou *lieue métrique* est l'espace de 4 kilomètres; il y a 10000 lieues communes dans le tour de la terre.

Dans la marine, on divise le degré en 60 parties égales, que l'on appelle *minutes*. La minute d'arc est l'unité que l'on prend dans l'évaluation des distances en mer. On l'appelle le *mille marin*. Sa valeur en mètres est de $1851^m,851$. Trois *milles marins* forment une *lieue marine* de 20 au degré; sa longueur est de $5555^m,555$.

En outre du *mille*, on emploie aussi dans la marine *l'encablure* qui vaut 200 mètres, et la *brasse* qui vaut $1^m,695$; cette dernière mesure est employée principalement pour mesurer la profondeur de la mer.

98. Les mesures réelles de longueur adoptées par la loi sont les suivantes :

1° Le *décimètre* et le *double décimètre* qui sont divisés en centimètres et en millimètres, et quelquefois demi-millimètres; ces mesures, faites d'une seule pièce, servent principalement dans le dessin graphique; on les fait en toute substance, principalement en ivoire et en buis.

2° Le *mètre*, d'une seule pièce, à section carrée, ou presque plat, divisé ordinairement en décimètres et centimètres; ou bien le mètre brisé, composé de dix ou de

cinq parties, réunies par des pivots, de telle manière que
l'intervalle compris entre les centres des pivots est un ou
deux décimètres, suivant qu'il y a dix ou cinq parties ; les centimètres sont aussi indiqués sur cette
mesure ; on fait également le *demi-mètre* et le *double mètre*.

3° Le *décamètre* et le *double décamètre*, employés
pour l'arpentage, sont formés de tiges de fer réunies par des anneaux, de telle sorte que la distance
entre les centres des deux anneaux consécutifs est
de deux décimètres. On leur donne aussi, depuis
quelques années, la forme de rubans d'acier, sur
lesquels les décimètres sont marqués par des bou-
tons de cuivre maintenus en place par des rivets
qui les fixent à la surface du ruban.

99. *Mesures métriques de surface*. — On a pris
pour unités de surface les carrés construits sur les
unités décimales corres-
pondantes de longueur
Ainsi, le mètre carré est
un carré dont le côté a
un mètre ; le décimètre
carré, un carré dont le
côté a un décimètre de
côté, et ainsi de suite.

Nous appelons *mesures
métriques* de surface les
mesures dont le nom est
ainsi dérivé du mètre et
de ses multiples ou sous-
multiples.

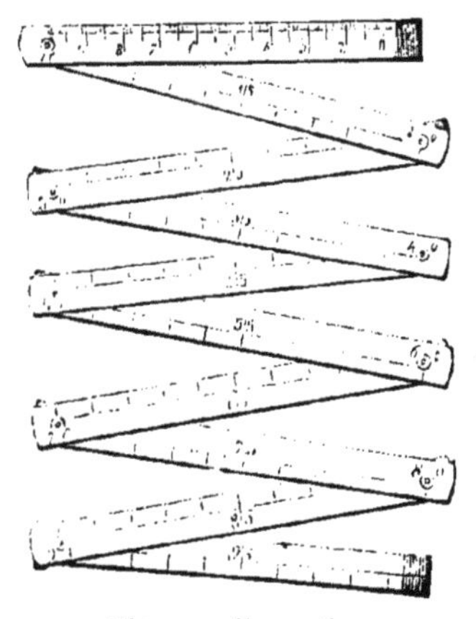

Mètre en dix parties.

Mètre.
Échelle
1/10.

Il est important de
remarquer que, pour les mesures métriques de surface,
une unité d'un ordre vaut *cent* unités de l'ordre inférieur.
En effet, le mètre carré, par exemple, est un carré dont
chaque côté vaut un mètre ou dix décimètres. Si je place
à côté l'un de l'autre dix décimètres carrés, je formerai
une bande qui aura bien un mètre de longueur, mais elle
n'aura que un décimètre de largeur ; pour faire le mètre

carré, il faudra mettre dix bandes pareilles l'une à côté
de l'autre. Chacune d'elles, contenant dix décimètres car-

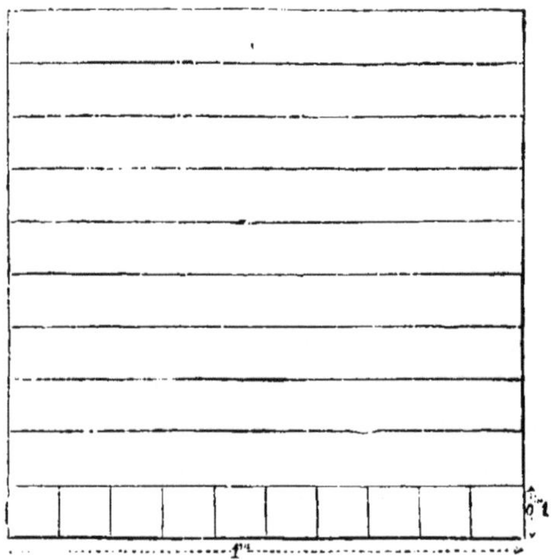

Mètre carré : échelle 1/20.

rés, il en résulte bien que le mètre carré contient cent
décimètres carrés

100. *Mesures agraires.* — Lorsque, au contraire, les
mesures de surface ne portent pas un nom dérivé immédiatement du mètre, les mots qui servent à désigner les
multiples et sous-multiples reprennent toute leur signification ordinaire. Ainsi, l'unité des mesures de surface
usitées pour les champs, et que l'on appelle pour cette
raison *mesures agraires*, est l'*are*, qui vaut un décamètre
carré, ou un carré ayant dix mètres de côté ; son seul
multiple est *l'hectare*, qui vaut cent ares, et qui est équivalent à un hectomètre carré, ou un carré qui a cent
mètres de côté ; le sous-multiple est le *centiare*, ou centième partie de l'are, qui vaut un mètre carré.

101. *Mesures métriques de volume.* — Pour mesurer les
volumes on a choisi également des unités de divers ordres
dérivés du mètre. L'unité fondamentale est le *mètre cube ;*
c'est un cube ayant un mètre de côté. Le *décimètre cube*
est un cube ayant un décimètre de côté, etc. Nous appelons ces mesures de volume dont le nom est ainsi dérivé

du mètre et de ses multiples et sous-multiples, les *mesures métriques* de volume.

Dans les mesures métriques de volume, une unité vaut *mille* unités de l'ordre inférieur. Prenons par exemple le mètre cube ; sa base est un mètre carré, qui contient cent décimètres carrés, et sa hauteur est un mètre, ou dix décimètres. Si je place un décimètre cube sur chacun des cent décimètres carrés de la base, j'aurai formé un volume contenant cent décimètres cubes, qui aura un mètre

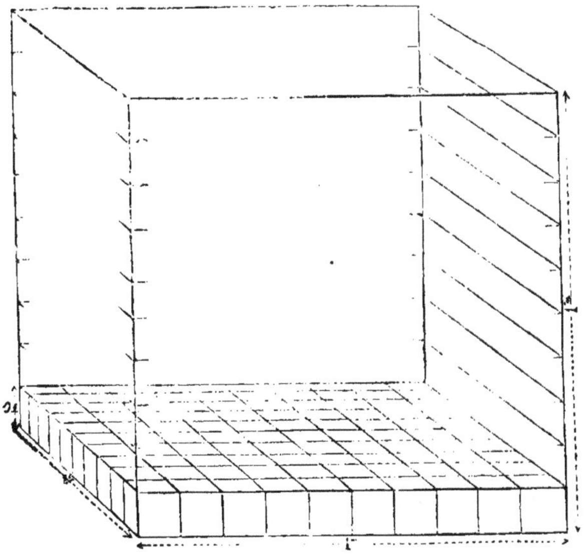

Mètre cube; échelle 1/20.

carré de base, mais seulement un décimètre de hauteur, il faudra superposer dix volumes pareils pour former un mètre cube ; donc le mètre cube contiendra dix fois cent ou mille décimètres cubes.

Lorsque les noms des mesures de volume ou de capacité ne sont pas dérivés du mètre, les mots qui servent à désigner les multiples et les sous-multiples reprennent leur signification ordinaire.

102. *Mesures pour le bois de chauffage.* — Pour mesurer les bois de chauffage, on prend comme unité le mètre cube, auquel on donne le nom de *stère*. On emploie un

seul multiple, le *décastère*, qui vaut dix stères, et un seul sous-multiple, le *décistère*, ou dixième partie du stère.

Le stère existe comme mesure réelle, sous la forme d'un bâtis de bois, supportant deux montants verticaux distants intérieurement d'un mètre : l'usage, dans chaque région, ayant prévalu de donner aux bûches une longueur déterminée, ordinairement différente de un mètre, la hauteur des montants est telle que, lorsque les bûches ont atteint cette hauteur, on a un stère de bois. Si par exemple les bûches ont $1^m,14$, la hauteur des montants est de $0^m,877$.

Du reste, l'usage se généralise actuellement de vendre les bois de chauffage au poids et non plus au volume.

103. *Mesures de capacité.* — Pour les grains, les liquides et les matières sèches pulvérulentes ou en petits fragments, l'unité de mesure est le *litre*, qui vaut un décimètre cube. On emploie comme multiples le *décalitre*, qui vaut dix litres, et l'*hectolitre*, qui vaut cent litres ; et comme sous-multiples le *décilitre*, ou dixième partie du litre, et le *centilitre*, ou centième partie du litre. On doit remarquer que le *kilolitre*, ou mille litres, qui n'est pas employé, vaut un mètre cube, et que le *millilitre* ou millième partie du litre, qui n'est pas non plus employé, est un centimètre cube.

104. Toutes les mesures de capacité dérivées du litre existent comme mesures réelles. On leur donne dans tous les cas la forme cylindrique. Elles se divisent en deux groupes :

Cinq grandes mesures :

L'*hectolitre*, le *demi-hectolitre*, le *double-décalitre*, le *décalitre* et le *demi-décalitre*.

Toutes ces mesures ont une profondeur égale à leur diamètre ; la matière dont elles sont formées varie avec leur usage ; pour les matières sèches, elles sont en bois ; pour les vins, on les fait en cuivre étamé.

Décalitre pour les grains.

Huit petites mesures :

Le *double litre*, le *litre*, le *demi-litre*, le *double décilitre*, le *décilitre*, le *demi-décilitre*, le *double centilitre* et le *centilitre*.

Lorsque ces mesures sont employées pour le vin, l'alcool, etc., elles sont en étain, et leur profondeur est double de leur diamètre intérieur.

Lorsqu'elles servent à mesurer le lait ou l'huile, elles sont en fer blanc, avec une profondeur égale au diamètre ; enfin, pour les matières sèches, elles sont en bois, avec une profondeur égale à leur diamètre.

105. *Mesures de poids*. — On a rattaché les unités de poids au mètre, en prenant pour unité fondamentale de poids le poids d'un volume déterminé d'une

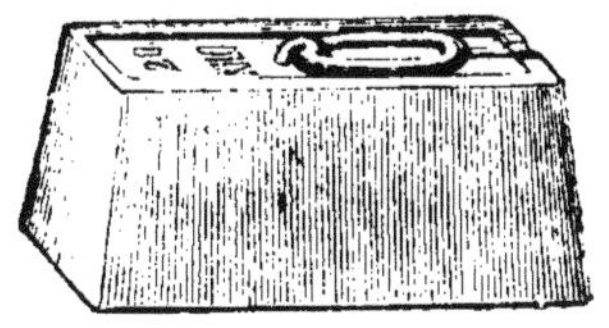

Litre.   Demi-litre.

substance facile à se procurer dans des conditions identiques.

L'eau distillée, ou rigoureusement pure, jouit de la propriété d'occuper, à la température de 4 degrés centigrades au-dessus de zéro, le plus petit volume possible. On a pris pour unité de poids le poids d'un centimètre cube d'eau distillée dans ces conditions. Cette unité de poids s'appelle le *gramme*. Tous les multiples et sous-multiples du gramme sont usités, et toutes les mesures légales de poids existent sous forme réelle.

Poids de 20 kilog.

Poids de 1 kilog.

On les divise en trois groupes, qui comprennent :

1° Dix poids en fonte, savoir : les poids de 50 *kilogrammes* et 20 *kilogrammes*, qui ont la forme de troncs de pyramides rectangulaires ; les poids de 10 *kilogrammes*, 5 *kilogrammes*, 2 *kilogrammes*, 1 *kilo-*

gramme ; de 5 hectogrammes, 2 hectogrammes, 1 hectogramme, et de 5 décagrammes ; ces poids ont la forme de troncs de pyramides à base d'hexagone régulier. Tous ces poids sont munis d'un anneau qui permet de les prendre, et dont le poids est compris dans la valeur du poids lui-même.

Poids de 1 kil.

Double gramme.
Grandeur réelle.

Gramme.
Grandeur réelle.

2° Quatorze poids en laiton ; ce sont ceux de la série précédente, à l'exception du poids de 50 *kilogrammes,* et en plus les poids de 2 *décagrammes,* 1 *décagramme ; de 5 grammes, 2 grammes et 1 gramme.* Tous ces poids ont la forme de cylindres surmontés d'un bouton.

3° Neuf poids en lames de 5 *décigrammes,* 2 *décigrammes,* 1 *décigramme ; de 5 centigrammes,* 2 *centigrammes,* 1 *centigramme : de 5 milligrammes,* 2 *milligrammes,* 1 *milligramme ;* ces poids ont la forme de plaques minces en cuivre, en platine, ou en métal blanc appelé l'aluminium. Ils servent principalement pour les laboratoires et la bijouterie.

Toutes les mesures de poids ont des formes et des dimensions prescrites par les règlements administratifs. Une boîte de poids, comme celles que l'on vend avec les balances, doit contenir le double et la moitié de chaque unité décimale de poids, et, de plus, un double exemplaire de cette unité. De cette manière, on peut peser tous les poids en mettant les mesures dans un seul plateau de la balance. C'est ainsi, par exemple, que, pour peser 44 grammes, on mettra dans un seul plateau : un poids de 20 grammes, deux poids de 10 grammes, un poids de 2 grammes, et deux poids de 1 gramme. Si l'on n'avait pas eu deux exemplaires de chaque unité décimale, il aurait fallu, pour peser le même poids, mettre 5 décagammes dans un plateau, et dans l'autre un poids de 5 grammes et un poids de 1 gramme.

En dehors des mesures réelles, et même des multiples

ordinaires de poids, on considère comme mesures de compte le *quintal métrique*, qui vaut 100 kilogrammes, et la *tonne métrique*, qui vaut 1000 kilogrammes.

106. Nous avons vu qu'il existe une relation importante entre les unités de longueur, de surface, de volume et de poids. Il arrive souvent que, dans une question, on a besoin de considérer à la fois ces diverses espèces de grandeurs ; dans ce cas, il faut avoir bien soin de prendre des unités qui se correspondent. Ainsi, lorsque l'on prend par exemple pour unité de longueur le décimètre, on doit prendre pour unité de surface le décimètre carré, pour unité de volume le décimètre cube, et, puisque celui-ci contient mille centimètres cubes, on prendra pour unité de poids le kilogramme. Comme on peut avoir à passer d'un ordre d'unités à un autre, on se rappellera que, pour les longueurs et les poids, une unité d'un ordre vaut dix unités de l'ordre inférieur, tandis que, pour les mesures métriques de surface, une unité vaut cent unités de l'ordre inférieur, et pour les mesures métriques de volume, une unité vaut mille unités de l'ordre inférieur. S'il s'agit d'unités de surface ou de capacité qui ne soient pas des unités métriques, on aura soin d'abord de les ramener à des unités métriques.

Il résulte de là que, si l'on veut passer d'un ordre d'unités de volume, par exemple, à l'ordre inférieur, on multipliera par 1000 le premier nombre. Ainsi 37 mètres cubes valent 37000 décimètres cubes ; $74^{mc},35$ donnent 74350 décimètres cubes. Si le nombre est exprimé en unités des divers ordres, on pourra d'après cela l'exprimer en unités d'un seul ordre. Ainsi 27 mètres cubes, 43 décimètres cubes, 7 centimètres cubes donneront, en mètres cubes, le nombre 27,043007.

Si l'on veut chercher le volume, en unités métriques, de 5 hectolitres, 8 décalitres, 2 litres, on commencera par exprimer ce nombre en litres, ce qui donnera 582 litres ; comme le litre vaut un décimètre cube, et qu'il y a 1000 décimètres cubes dans un mètre cube, on voit que le volume considéré, exprimé en mètres cubes, donne 0,582, et ainsi de suite.

107. Les monnaies françaises ont été rattachées au système légal des poids et mesures par le poids de l'unité de monnaie. Cette unité est le *franc*, monnaie d'argent qui pèse 5 grammes. Les multiples du franc n'ont pas reçu de dénominations particulières. Les seuls sous-multiples employés sont le *décime* et le *centime;* même dans les usages ordinaires de la vie, on emploie rarement le mot décime.

108. Les monnaies se divisent en trois groupes, monnaie d'or, monnaie d'argent et monnaie de billon.

Voici le tableau des pièces de monnaie avec leur poids et leur diamètre.

		Poids.	Diamètre.
Pièces d'or	100 fr.	32 gr,258	35 millim.
	50	16 ,129	28 —
	20	6 ,4516	21 —
	10	3 ,2258	19 —
	5	1 ,6129	17 —
Pièces d'argent..	5	25	37 —
	2	10	27 —
	1	5	23 —
	0,50	2 ,5	18 —
	0,20	1	16 —
Pièces de billon.	0,10	10	30 —
	0,05	5	25 —
	0,02	2	20 —
	0,01	1	15 —

109. La loi a établi un rapport fixe entre la valeur de l'or et la valeur de l'argent monnayé. Ce rapport est déterminé de la façon suivante : la pièce de 20 francs a été, suivant l'expression consacrée, *frappée sur le pied de 155 au kilogramme*, c'est-à-dire que 155 pièces de 20 francs forment un poids de 1 kilogramme. Il en résulte que le kilogramme d'or monnayé vaut 155 fois 20 francs, ou 3100 francs. D'autre part, d'après la définition du franc, le kilogramme d'argent monnayé vaut 200 francs, puisque 200 fois 5 grammes forment 1 kilogramme. Donc, le rapport de la valeur du kilogramme d'or à la valeur du

kilogramme d'argent s'obtient en divisant 3100 par 200, ce qui donne 15,5. Par suite, à égalité de poids, la valeur de l'or monnayé est 15 fois et demie la valeur de l'argent monnayé.

110. Les monnaies d'or et d'argent contiennent une certaine quantité de cuivre qui les rend plus dures, et leur permet de résister davantage à l'usure causée par le frottement. Il en résulte que le poids de métal précieux contenu dans une pièce de monnaie n'est qu'une fraction du poids de la pièce. Cette fraction, exprimée en millièmes, s'appelle le *titre* de la pièce. On peut dire aussi que le titre indique combien un gramme de monnaie contient de métal précieux.

Le titre de nos monnaies d'or est de 0,900 ; c'est-à-dire que 1 gramme de monnaie d'or contient 900 milligrammes d'or et 100 milligrammes de cuivre. Les monnaies d'argent sont à deux titres différents : les pièces de 5 francs ont conservé le titre de 0,900 ; les autres pièces, depuis le 1er janvier 1869, ont le titre de 0,835.

111. Malgré la perfection à laquelle ont été amenés les procédés de fabrication des monnaies, il est bien difficile d'atteindre exactement le poids et le titre fixés par la loi ; on a dû admettre une petite différence, soit en plus, soit en moins ; c'est ce que l'on appelle la *tolérance*. On distingue la tolérance sur le titre et la tolérance sur le poids. La tolérance sur le titre est de 2 millièmes pour les monnaies d'or et la pièce d'argent de 5 francs ; elle est de 3 millièmes pour les autres pièces d'argent, c'est-à-dire que le titre des monnaies d'or et de la pièce de 5 francs peut osciller entre 0,898 et 0,902 ; le titre des autres pièces peut varier de 0,832 à 0,838.

La tolérance pour le poids est exprimée par une fraction du poids total de la pièce, fraction exprimée en millièmes de ce poids total. Cette tolérance est de

1 millième pour les pièces de 100 fr. et de 50 fr. ;
2 millièmes pour les pièces de 20 fr. et 10 fr. ;
3 millièmes pour les deux pièces de 5 fr., tant en or qu'en argent ;
5 millièmes pour les pièces de 2 fr. et 1 fr. ;

7 millièmes pour la pièce de 5o centimes ;
1o millièmes pour la pièce de 20 centimes.

La monnaie de cuivre est formée de 95 parties de cuivre, 4 d'étain et 1 de zinc. Sa valeur nominale est bien supérieure à sa valeur réelle.

112. L'Hôtel des monnaies achète les matières d'or et d'argent qui lui sont présentées, en négligeant le cuivre qu'elles contiennent. En partant de la valeur des pièces de monnaie française au titre de 0,900, on trouve que

$$1 \text{ kilogr. d'or pur vaut} \quad 3444 \text{ fr. } 44.$$
$$1 \text{ kilogr. d'argent pur vaut} \quad 222 \text{ fr. } 22.$$

Mais ces valeurs ne sont pas celles que l'on reçoit. Un décret a fixé à 6 fr. 70 par kilogr. d'or à 0,900 et à 1 fr. 5o par kilogr. d'argent à 0,900 la retenue que l'Hôtel des monnaies fait subir à tout vendeur de matière d'or ou d'argent. Cette retenue sert pour les frais de fabrication. On trouve alors que, avec la retenue, le kilogr. d'or pur vaut 3437 fr. et le kilogr. d'argent 220 fr. 56. C'est sur ces prix que l'on établit le tarif des matières d'or ou d'argent à l'Hôtel des monnaies.

CHAPITRE VII

Les nombres complexes.

113. Les mesures anciennes ne procédaient pas par la division décimale ; actuellement encore, dans la plupart des pays de l'Europe, les mesures de monnaie ne suivent pas cette division. Enfin, les mesures de temps et d'angles ne sont pas non plus assujetties à la division décimale.

Il en résulte que, lorsque l'on doit mesurer une des grandeurs précédentes, on subdivise l'unité principale en un certain nombre de parties égales, puis chacune de ces parties, s'il y a lieu, en un nombre déterminé de parties égales, et ainsi de suite. Chacune de ces subdivisions successives porte un nom particulier, et, pour évaluer une grandeur, on énonce successivement le nombre de chacune des unités qu'elle contient, en commençant par les plus grandes.

C'est ainsi que la *toise*, mesure de longueur usitée autrefois en France, se divisait en 6 *pieds*, le pied en 12 *pouces*, le pouce en 12 *lignes ;* et on disait qu'une longueur par exemple contenait

7 toises, 3 pieds, 5 pouces, 7 lignes.

L'unité de temps est le *jour*, qui se divise en 24 *heures*, l'heure en 60 *minutes*, la minute en 60 *secondes ;* un intervalle de temps contiendra, par exemple,

17 jours, 11 heures, 23 minutes, 54 secondes.

La circonférence de cercle se divise en 360 *degrés*, chaque degré en 60 *minutes*, la minute en 60 *secondes*, et un arc pourra contenir

49 degrés, 28 minutes, 45 secondes ;

et ainsi de suite.

Les nombres qui expriment des quantités analogues aux précédentes, c'est-à-dire dans lesquelles les diverses subdivisions successives de l'unité ne sont pas de dix en dix fois plus petites, s'appellent des *nombres complexes*. Par opposition, les nombres que nous avons considérés jusqu'à présent sont des *nombres incomplexes*.

114. Lorsque l'on a ainsi un nombre complexe, on peut toujours se proposer de le transformer en un nombre incomplexe représentant des unités de même ordre que les plus petites unités énoncées dans le nombre complexe. Inversement, étant donné un nombre incomplexe exprimant une grandeur ordinairement considérée comme grandeur complexe, on peut se proposer de le ramener à la forme de nombre complexe.

Pour résoudre cette question, nous allons considérer d'abord le cas simple où l'on considère un nombre complexe ne contenant que des unités de deux ordres consécutifs. Par exemple, cherchons combien il y a d'heures dans 17 jours et 11 heures. On suppose toujours que l'on sait combien l'unité supérieure énoncée contient de fois la seconde unité. Ici, le jour contient 24 heures.

Donc, dans 17 jours, il y a un nombre d'heures égal à 17×24; et dans 17 jours et 11 heures, il y a un nombre d'heures marqué par la somme

$$17 \times 24 + 11.$$

De là cette règle : *On multiplie le nombre qui représente les plus hautes unités par le nombre qui indique combien une de ces unités contient d'unités inférieures. Au produit, on ajoute les unités d'ordre inférieur.*

Si, au lieu d'avoir seulement deux ordres d'unités consécutives, on a plusieurs ordres d'unités, on commence par réduire en unités d'une seule espèce les nombres qui représentent les deux ordres les plus élevés: puis on opère avec le résultat et l'ordre d'unité suivant, et ainsi de suite.

Par exemple, pour réduire en secondes le nombre

17 jours 11 heures 23 minutes 54 secondes,

je réduis d'abord les 17 jours 11 heures en heures, d'après la règle précédente; je trouve ainsi le nombre

419 heures 23 minutes 54 secondes,

qui diffère du précédent parce qu'il contient un ordre d'unités de moins. Alors sachant que 1 heure vaut 60 minutes, je transforme 419 heures 23 minutes en minutes, en appliquant la règle précédente, j'ai le nombre

25163 minutes 54 secondes,

qui ne contient plus que deux ordres d'unités; je le transformerai encore en secondes, en sachant que 1 minute vaut 60 secondes; j'aurai alors le nombre *incomplexe*

1509834 secondes.

115. Inversement, si j'ai le nombre 1509834 secondes, je puis me proposer de le transformer en minutes et se-

condes. Pour cela, remarquons que, d'après la dernière opération, j'ai

$$1509834 = 60 \times 25163 + 54,$$

ce qui me montre que, si je divise le nombre donné par 60, nombre de secondes contenues dans une minute, le quotient représentera le nombre de minutes, et le reste un nombre de secondes.

Donc, *pour transformer un nombre incomplexe en un nombre complexe contenant deux ordres consécutifs d'unités seulement, on divise le nombre donné par le nombre constant qui indique combien il faut d'unités de l'ordre qu'il représente pour former une unité de l'ordre supérieur. On ne cherche que la partie entière du quotient ; ce quotient donne les unités d'ordre supérieur, et le reste des unités de même ordre que celles exprimées dans le nombre donné.*

Si le quotient est suffisant, on cherche à le transformer en nombre complexe, en suivant la même règle, et ainsi de suite. Dans la pratique, on dispose l'opération de la manière suivante :

Prenons par exemple le nombre 1509834 secondes ; nous le divisons par 60, nous obtenons comme quotient

```
1509834 | 60
 309     | 25163 | 60
   98    |  116   | 419 | 24
  383    |  563   | 179 | 17
   234   |   23   |  11
    54
```

25163, et comme reste 54 ; nous divisons le quotient par 60 (parce que 60 minutes forment 1 heure); le quotient est 419, et le reste 23 ; nous divisons 419 par 24 (nombre d'heures contenu dans une journée); le quotient est 17, et le reste 11 ; alors, prenant le dernier quotient et les restes successifs dans un ordre inverse de celui où nous les avons obtenus, nous trouvons

17 jours 11 heures 23 minutes 54 secondes.

116. Pour faire les opérations sur les nombres complexes, on pourrait rendre d'abord tous les nombres incomplexes, puis opérer sur ces nombres comme nous savons le faire pour les nombres entiers; mais ensuite il faudrait avoir soin de rendre les résultats complexes. Il est

donc préférable d'apprendre à opérer directement sur les nombres complexes donnés. Nous allons ici simplement énoncer les règles pratiques que l'on suit dans les opérations usuelles sur les nombres complexes, et préciser chacune de ces règles par un exemple ; les raisonnements qu'il faudrait faire pour justifier ces règles se déduisent des raisonnements analogues faits pour établir les règles correspondantes suivies pour les nombres entiers ou décimaux.

117. ADDITION. — *Pour ajouter ensemble des nombres complexes représentant des quantités de même nature, on les écrit les uns au-dessous des autres de manière que les unités de même ordre soient dans une même colonne verticale ; puis on fait d'abord, comme pour les nombres entiers, la somme des plus faibles unités ; on transforme, s'il y a lieu, cette somme en nombre complexe représentant deux ordres successifs d'unités seulement ; on écrit les plus faibles unités de ce nombre complexe sous la colonne que l'on a additionnée, et on retient les plus fortes unités pour les ajouter à la colonne suivante, sur laquelle on opère comme précédemment, et ainsi de suite jusqu'aux plus hautes unités.*

Soit par exemple à faire l'addition des arcs indiqués ci-contre ; je fais d'abord la somme des secondes ; je trouve 124 ; comme 60 secondes forment 1 minute, je divise 124 par 60, je trouve comme reste 4, que j'écris sous la colonne des secondes, et comme quotient 2, que j'ajoute avec les minutes. La colonne des minutes, avec cette retenue, donne 91 minutes, ou 1 degré et 31 minutes. J'écris 31 sous la colonne des minutes, et j'ajoute 1 à la colonne des degrés ; je trouve enfin 165 degrés.

$$\begin{array}{r r r}37^\circ & 23' & 47'' \\ 56 & 42 & 35 \\ 71 & 24 & 42 \\ \hline 165 & 31 & 04 \end{array}$$

Il est bon de remarquer que certaines unités de temps et certaines unités d'arc portent les mêmes noms ; on les distingue dans l'écriture par des signes particuliers ; ainsi, le résultat de l'opération précédente s'écrit

$$165^\circ\ 31'\ 4'',$$

tandis que, pour une durée, on écrira par exemple

$$17^h\ 23^m\ 17^s.$$

118. SOUSTRACTION. — *Pour faire une soustraction ae nombres complexes, on écrit le plus grand nombre, et au-dessous le plus petit, de façon que les unités de même ordre soient dans une même colonne verticale; on cherche à retrancher d'abord les plus faibles unités du plus petit nombre des unités correspondantes du plus grand. Si l'opération est possible, on écrit le résultat tel qu'il se présente; dans le cas contraire, on ajoute aux unités de cet ordre du plus grand nombre autant d'unités qu'il en faut pour former une unité de l'ordre supérieur, et on fait la soustraction; ensuite, on a soin, lorsque l'on passe aux unités suivantes, d'augmenter de une unité le nombre à retrancher, avant de faire la soustraction.*

Proposons-nous, par exemple, de retrancher 6 j. 17 h. 39 m. 27 s. de 14 j. 5 h. 12 m. 42 s.; je retranche d'abord 27 secondes de 42 secondes, ce qui me donne 15 secondes comme reste; ensuite comme il est impossible de retrancher 39 minutes de 12 minutes, j'augmente ce dernier nombre de 60 minutes (ou 1 heure), et je retranche 39 de 72, ce qui me donne 33 minutes comme reste; ensuite j'augmente 17 heures d'une unité; comme je ne puis retrancher 18 de 5, j'augmente 5 heures de 24 heures (ou 1 jour), et je retranche 18 de 29, ce qui me donne 11 pour reste; enfin, je retranche 7 jours de 14 jours; j'obtiens enfin pour le reste défnitif

14ᴶ	5ʰ	12ᵐ	42ˢ
6	17	39	27
7	11	33	15

$$7^j\ 11^h\ 33^m\ 15^s.$$

119. MULTIPLICATION. — Nous supposerons seulement que l'on est amené à multiplier un nombre complexe par un nombre incomplexe entier. Dans ce cas, *on multiplie par le multiplicateur les plus faibles unités du multiplicande; on transforme, s'il y a lieu, le produit en nombre complexe représentant deux ordres consécutifs d'unités; on écrit les plus faibles unités, et on retient les plus fortes pour les ajouter au produit effectué des unités de l'ordre suivant du multiplicande par le multiplicateur; et ainsi de suite jusqu'à ce que l'on ait opéré sur les plus hautes unités du multiplicande.*

Soit par exemple à multiplier 41 j. 9 h. 18 m. 37 s. par 9. Je dis d'abord : 9 fois 37 font 333 ; or 333 secondes font 5 minutes et 33 secondes. J'écris 33 ; puis 9 fois 18 font 162,

$$41 \quad 9 \quad 18 \quad 37$$
$$9$$
$$\overline{372 \quad 11 \quad 47 \quad 33}$$

5 donnent 167 ; 167 minutes donnent heures et 47 minutes ; j'écris 47 ; 9 fois font 81, et 2 font 83 ; 83 heures donnent 3 jours et 11 heures ; j'écris 11 ; 9 fois 41 font 369, et 3 font 372 ; le résultat définitif est donc

$$372^{\mathrm{j}} \; 11^{\mathrm{h}} \; 47^{\mathrm{m}} \; 33^{\mathrm{s}}.$$

120. DIVISION. — Nous supposerons que le diviseur est incomplexe et entier, et que le quotient doit exprimer des unités de même nature que celles du dividende. Alors *on divisera d'abord les plus hautes unités du dividende par le diviseur ; on prendra le nombre complexe formé par le reste et les unités de l'ordre inférieur du dividende, et on le transformera en nombre incomplexe ; on divisera ce nombre incomplexe par le diviseur, et le résultat représentera les unités du second ordre du quotient ; on prendra encore le nombre complexe formé par le nouveau reste et les unités d'ordre inférieur du dividende, on le transformera en nombre incomplexe pour former le troisième dividende partiel, et ainsi de suite, jusqu'à ce que l'on ait employé les unités de l'ordre de plus faible unité pour les mesures que l'on considère.*

Par exemple, proposons-nous de diviser 58 j. 13 h. 42 m. 34 s. par 11. Je divise d'abord 58 par 11 ; j'ai pour quotient 5 et pour reste 3. Le nombre 3 j. 13 h. me donne, puisque 1 jour vaut 24 heures, un nombre d'heures égal à 85 ; en divisant 85 par 11, j'ai pour quotient 7, qui représente des heures, et pour reste 8 ; je transforme

$$
\begin{array}{llll|l}
58 & 13 & 42 & 34 & 11 \\
3 & & & & \overline{5 \quad 7 \quad 17 \quad 30} \\
24 & & & & \\
\hline
72+13 & 85 & & & \\
& 8 & & & \\
& 60 & & & \\
& \overline{480+42 = 522} & & & \\
& 82 & & & \\
& 5 & & & \\
& 60 & & & \\
& \overline{300+34 = 334} & & & \\
& 4 & & &
\end{array}
$$

8 h. 42 m. en minutes, ce qui me donne 522 minutes; en divisant par 11, je trouve pour quotient 47, et pour reste 5; le nombre 5 m. 34 s. donne 334 secondes, qui, divisées par 11, donnent pour quotient 30, et pour reste 4 secondes. Donc, le quotient complet est

$$5^{j}\ 7^{h}\ 47^{m}\ 30^{s},$$

et il reste 4 secondes.

121. Les nombres complexes servent constamment pour les mesures de temps ou d'angles; lorsque l'on veut faire des calculs sur les anciennes mesures, on doit encore employer les nombres complexes.

Les principales mesures usitées en France avant l'établissement du système métrique étaient les suivantes :

Pour les longueurs, la *toise* se divisait en 6 *pieds*, le pied en 12 *pouces*, le pouce en 12 *lignes*. Le rapport de la toise au mètre se déduit de ce que le quart du méridien terrestre contenait 5130740 toises. On trouve, en divisant 10000000 par ce nombre, que

$$1\ \text{toise vaut}\ 1^{m},949.$$

Inversement

$$1\ \text{mètre vaut}\ 0^{T}\ 3^{P}\ 0^{P}\ 11^{l},29.$$

Les mesures agraires avaient pour unité

La *perche de Paris*, qui est un carré de 18 pieds de côté; ou la *perche des eaux et forêts*, qui est un carré de 22 pieds de côté.

Cent perches, de l'une ou l'autre espèce, donnent l'*arpent* correspondant.

$$\text{La perche de Paris vaut}\ 34^{mq},19;$$
$$\text{La perche des eaux et forêts vaut}\ 51^{mq},07.$$

Pour les liquides, on employait la *pinte*, divisée en deux *chopines;* la chopine valait deux *demi-setiers*.

Les multiples étaient : la *velte* ou 8 pintes; le *quartaut* ou 9 veltes; la *feuillette* ou 2 quartauts; le *muid* ou 2 feuillettes.

La pinte vaut $0^{l},931$.

Pour les grains, le *setier* valait 12 *boisseaux*, et le boisseau 16 *litrons ;* le litron vaut o¹,8i3 ; le boisseau, i3 litres, et le setier, i56 litres.

Les mesures de poids avaient pour unité la *livre,* qui se divisait en 16 *onces ;* l'once valait 8 *gros,* le gros, 3 *deniers,* et le denier 24 *grains.*

La livre vaut environ 490 grammes.

Enfin l'unité de monnaie était la *livre tournois,* qui se divisait en 20 *sous,* le sou en 4 *liards,* ou 12 *deniers.* On trouve la valeur de la livre tournois en se rappelant que 81 livres tournois valent 80 francs.

On trouve dans des ouvrages spéciaux et en particulier dans l'*Annuaire du bureau des Longitudes* des tables qui permettent de passer très rapidement des anciennes mesures aux nouvelles, et inversement.

CHAPITRE VIII

La divisibilité.

122. On dit qu'un nombre est *divisible* par un autre nombre lorsque la division du premier nombre par le second se fait sans reste. Comme dans ce cas, le premier nombre est égal au produit du second nombre par un nombre entier, on dit qu'il est un *multiple* du second nombre. Inversement le second nombre est un *diviseur* du premier, ou un *sous-multiple* du premier, ou une *partie aliquote* du premier.

Pour indiquer qu'un nombre est multiple d'un autre, on écrit le premier nombre, le signe de l'égalité, la lettre *m* et le second nombre. Ainsi, pour écrire que 48 est un multiple de 6, on écrit :

$$48 = m6,$$

et on énonce 48 *égale multiple de 6.*

Dans l'étude des caractères de divisibilité, nous nous proposons d'abord de reconnaître facilement, sans faire la division, si un nombre est divisible par un autre nombre donné ; et ensuite, dans le cas où l'opération ne doit pas se faire exactement, de trouver le reste sans faire la division. Cette étude repose sur les principes suivants.

123. THÉORÈME. *Tout nombre qui en divise deux autres divise leur somme et leur différence.*

Je considère par exemple 6, qui divise exactement 72 et 138 ; il en résulte que chacun de ces nombres s'obtient en multipliant 6 par un certain nombre entier ; on trouve en effet

$$138 = 6 \times 23 ; \quad 72 = 6 \times 12.$$

Si nous ajoutons membre à membre ces deux égalités nous aurons, en nous rappelant que, pour multiplier un nombre par une somme, il suffit de multiplier le nombre par les diverses parties de la somme et d'ajouter :

$$138 + 72 = 6 \times 23 + 6 \times 12 = 6 \times (23 + 12).$$

Or, la somme de deux nombres entiers est un nombre entier ; donc on voit que la somme des deux nombres 138 et 72 est égale au produit de 6 par un nombre entier ; donc cette somme est bien divisible par 6 ;

De même, en retranchant les égalités membre à membre, nous aurons, en remarquant que pour multiplier une différence par un nombre il suffit de multiplier chaque terme de la différence par le nombre, et de retrancher les produits :

$$138 - 72 = 6 \times 23 - 6 \times 12 = 6 \times (23 - 12),$$

et, puisque la différence entre deux nombres entiers est elle-même un nombre entier, on voit que la différence entre les deux nombres 138 et 72 est bien un multiple de 6.

124. THÉORÈME. *Tout nombre qui en divise un autre divise tous ses multiples.*

En effet on a $72 = 6 \times 12$;

Donc $72 \times 5 = 6 \times 12 \times 5 = 6 \times (12 \times 5)$ d'après ce principe que, pour multiplier un produit par en nombre, il suffit de multiplier l'un des facteurs par ce nombre. Or, le produit de deux nombres entiers est un nombre entier ; donc 72×5 est par définition un multiple de 6.

125. THÉORÈME. *Si, au dividende d'une division, on ajoute un certain multiple du diviseur, le reste ne change pas.*

Je prends comme dividende 87, et comme diviseur 12 ; j'ai pour quotient 7, et pour reste 3. Par suite j'ai l'égalité

$$87 = 12 \times 7 + 3.$$

J'ajoute aux deux membres de l'égalité 12×6, ou 72 ; j'ai alors

$$87 + 72 = 12 \times 7 + 3 + 12 \times 6 = 12 \times 7 + 12 \times 6 + 3.$$

Ou bien, en vertu d'un théorème précédemment démontré

$$87 + 72 = 12 \times (7 + 6) + 3.$$

Comme $7 + 6$ est un nombre entier, cette égalité nous montre que, si on divise par 12 la somme $87 + 72$, on obtiendra bien comme reste 3.

Ce théorème s'énonce quelquefois comme il suit : *Lorsque deux nombres ne diffèrent que d'un multiple d'un certain diviseur, ils donnent le même reste, lorsqu'on les divise par ce diviseur.* C'est sous cette forme qu'il nous sera principalement utile pour la recherche des caractères de divisibilité. Nous étudierons seulement les caractères de divisibilité par 2, par 5, par 4, par 25, par 9 et par 3.

126. THÉORÈME. *La condition nécessaire et suffisante pour qu'un nombre soit divisible par 2, est que son dernier chiffre soit 2, 4, 6, 8 ou 0.*

En effet, on a identiquement $10 = 2 \times 5$, ou $10 = m\,2$.

Il en résulte que tout nombre terminé par un zéro, étant un multiple de 10, est aussi un multiple de 2.

Cela posé, soit le nombre 2748 ; on peut le décomposer en dizaines et unités ; on aura

$$2748 = 2740 + 8.$$

Donc les deux nombres 2748 et 8 ne diffèrent que d'un multiple de 2 ; par suite, si on les divise par 2, ils donneront le même reste ; donc, si le nombre 8 donne un reste différent de zéro, il en sera de même du nombre 2748 ; si au contraire 8 est divisible par 2, il en sera de même du nombre 2748. Donc, la condition nécessaire pour que 2748 soit divisible par 2 est que le nombre 8 des unités soit divisible par 2 ; et de plus cette condition est suffisante. Or, si dans la table de multiplication on cherche les multiples de 2 inférieurs à 10, on trouve les nombres 2, 4, 6, 8. Donc il faut que le chiffre des unités soit un de ces chiffres pour que le nombre soit divisible par 2.

127. THÉORÈME. *La condition nécessaire et suffisante pour qu'un nombre soit divisible par 5 est qu'il soit terminé par un zéro ou par un 5.*

En effet, on peut écrire $10 = 5 \times 2$, donc $10 = m\, 5$.

D'après cela, tout nombre terminé par un zéro, étant un multiple de 10, est un multiple de 5. Si maintenant on prend un nombre quelconque, on pourra le décomposer en dizaines et unités ; on aura par exemple

$$2748 = 2740 + 8.$$

On voit donc, comme précédemment, qu'un nombre quelconque et le nombre de ses unités ne diffèrent que d'un multiple de 5 ; et par suite, la condition nécessaire pour qu'un nombre soit divisible par 5 est que ses unités soient un multiple de 5 ; la condition est de plus suffisante. Or, par la table de multiplication, on reconnaît que le seul multiple de 5 inférieur à 10 est 5. Donc le nombre ne sera divisible par 5 que si son chiffre des unités est 5 ou zéro. On obtiendra le reste, si le chiffre des unités est supérieur à 5, en en retranchant 5.

128. Comme on a l'identité $100 = 4 \times 25$, on a $100 = m\, 4$, ou $100 = m\, 25$.

On pourra par suite décomposer un nombre en deux parties, centaines et unités ; l'une de ces parties, étant divisible par 100, est divisible par 4 ou par 25 ; et le même raisonnement que précédemment nous apprendra que la condition nécessaire et suffisante pour qu'un nombre soit divisible par 4 ou par 25 est que le nombre formé par ses deux derniers chiffres de droite soit divisible par 4 ou par 25 ; de plus, pour trouver le reste de la division d'un nombre par 4 ou par 25, il suffit de diviser par 4 ou par 25 le nombre formé par ses deux derniers chiffres de droite.

129. THÉORÈME. *L'unité suivie d'un nombre quelconque de zéros est un multiple de 9, augmenté d'une unité.*

En effet, si nous prenons 10000, par exemple, le nombre qui lui est inférieur d'une unité est 9999. Ce nombre est la somme de plusieurs nombres évidemment divisibles par 9, puisqu'il est égal à $9000 + 900 + 90 + 9$. Donc

$$9999 = m9,$$

et par suite

$$10000 = m9 + 1.$$

130. THÉORÈME. *Un chiffre significatif suivi d'un nombre quelconque de zéros est un multiple de 9, augmenté de la valeur absolue de ce chiffre significatif.*

En effet, on a

$$40000 = 10000 \times 4,$$

ou en vertu du théorème précédent

$$40000 = (m9 + 1) \times 4.$$

Mais, pour faire cette multiplication, on pourra multiplier chacune des parties par 4, et ajouter les résultats. Or, si l'on multiplie par 4 un multiple de 9, on obtiendra toujours un multiple de 9, et 1×4 donne 4. Donc on a bien

$$40000 = m9 + 4.$$

131. THÉORÈME. *Un nombre quelconque est un multiple de 9 augmenté de la somme des valeurs absolues de ses chiffres significatifs.*

Prenons par exemple le nombre 257876 ; on peut toujours le décomposer en ses unités des divers ordres ; en appliquant alors les principes précédents, on aura

$$200000 = m9 + 2$$
$$50000 = m9 + 5$$
$$7000 = m9 + 7$$
$$800 = m9 + 8$$
$$70 = m9 + 7$$
$$6 = \qquad 6$$

En ajoutant membre à membre, et remarquant que la somme de plusieurs multiples de 9 est un multiple de 9, on trouve

$$257876 = m9 + (2+5+7+8+7+6).$$

La somme entre parenthèses est précisément la somme des valeurs absolues des chiffres significatifs du nombre donné.

132. Il résulte du théorème précédent que *la condition nécessaire et suffisante pour qu'un nombre soit divisible par* 9 *est que la somme des valeurs absolues de ses chiffres significatifs soit divisible par* 9; car le nombre donné et la somme des valeurs absolues de ses chiffres significatifs ne diffèrent que d'un multiple de 9. Il en résulte aussi que, pour avoir le reste de la division par 9 d'un nombre quelconque, il suffit de chercher le reste de la division par 9 de la somme des valeurs absolues de ses chiffres significatifs.

Dans la pratique, on opère de la manière suivante : commençant par la gauche du nombre donné, on fait la somme des chiffres dans l'ordre où ils se présentent. Toutes les fois que l'on obtient une somme égale ou supérieure à 9, on en retranche 9, et on continue avec le reste seulement. Ainsi, pour trouver le reste de la division par 9 du nombre 257876, je dirai : 2 et 5 font 7 ; 7 et 7 font 14 ; 14 moins 9 donnent 5 ; 5 et 8 font 13 ; 13 moins 9 donnent 4 ; 4 et 7 font 11 ; 11 moins 9 donnent 2 ; 2 et 6 font 8 ; le reste de la division de 257876 par 9 est 8.

133. La détermination rapide du reste d'une division sans faire l'opération nous fournit un procédé pour faire immédiatement la preuve des opérations, et en particulier de la multiplication. Nous allons chercher ce que l'on appelle la *preuve par* 9 de la multiplication ; cette preuve est fondée sur le principe suivant :

Si l'on cherche les restes de la division par 9 *des deux facteurs d'un produit, le produit de ces deux restes et le produit des deux facteurs donnés ont pour différence un multiple de* 9.

En effet, prenons comme facteurs 6257 et 392. On a

$$6257 = m9 + 2.$$

Donc

$$6257 \times 392 = (m9 + 2) \times 392 = m9 + 2 \times 392.$$

Mais

$$392 = m9 + 5;$$

donc

$$2 \times 392 = 2 \times (m9 + 5) = m9 + 2 \times 5.$$

Donc on a bien

$$6257 \times 392 = m9 + 2 \times 5.$$

Ce qui démontre le théorème énoncé. Donc,

Pour faire la preuve par 9 de la multiplication, on cherche les restes de la division par 9 des deux facteurs ; on fait le produit de ces deux restes, et on divise ce produit par 9. Pour que l'opération soit bien faite, il faut que le reste de cette dernière division soit égal au reste de la division par 9 du produit des deux facteurs donnés.

134. REMARQUE. Le raisonnement que nous avons fait pour démontrer le principe sur lequel nous nous appuyons est indépendant du diviseur que l'on emploie. On peut dire d'une manière générale que, si l'on divise les deux facteurs d'un produit par un même diviseur, le produit des deux restes et le produit des deux facteurs donnés ne diffèrent que d'un multiple du diviseur choisi. On a pris dans la pratique le diviseur 9, parce qu'il est facile de trouver le reste de la division d'un nombre par 9, et en même temps on doit, pour trouver ce reste, s'occuper des différents chiffres du dividende. Au contraire, le reste de la division d'un nombre par 2 ou par 5, par exemple, se trouve en considérant seulement le dernier chiffre ; il en résulterait que toute erreur commise sur un autre chiffre du produit passerait inaperçue. En général, du reste, toute erreur qui serait un multiple du diviseur employé ne pourrait être signalée par ce genre de preuve.

Il est assez rare que l'on fasse plusieurs erreurs dont la somme soit précisément un multiple du diviseur employé ; mais, quand on prend la preuve par 9, il est une erreur qui peut se présenter dans la pratique, et que la preuve par 9 ne fait pas apparaître ; c'est celle qui résulte de ce que le premier chiffre d'un produit partiel n'a pas été mis à sa véritable place, en supposant du reste que ce produit soit exact. Prenons par exemple le produit de 6257 par 392, et supposons, comme on le voit ici, que au lieu de mettre le premier chiffre du troisième produit partiel dans la colonne des centaines, nous l'ayons mis dans la colonne des dizaines. Nous aurions dû avoir un nombre qui fût égal à 187710×10 ; pour l'obtenir, il aurait fallu faire la somme de dix nombres égaux au nombre que nous avons obtenu ; donc nous avons négligé neuf fois ce nombre ; par suite l'erreur commise est un multiple de 9. Donc la preuve par 9 ne signalera pas cette erreur.

$$
\begin{array}{r}
6257 \\
392 \\
\hline
12514 \\
56313 \\
18771 \\
\hline
\end{array}
$$

C'est la seule erreur pratique que la preuve par 9 ne nous permette pas de reconnaître, et avec un peu d'attention, on peut éviter cette erreur, qui se rencontre principalement lorsque, au multiplicateur, il y a des zéros intercalés entre les chiffres significatifs.

135. On appelle *diviseur commun* à plusieurs nombres tout nombre qui les divise exactement tous. Le plus grand nombre qui en divise à la fois plusieurs s'appelle le *plus grand commun diviseur* de ces nombres. Lorsque le plus grand commun diviseur de plusieurs nombres est l'unité, on dit que les nombres n'ont pas de diviseur commun, ou qu'ils sont *premiers entre eux*. La recherche du plus grand commun diviseur de deux nombres a une grande importance en arithmétique, principalement pour la théorie des fractions.

136. Proposons-nous de chercher le plus grand commun diviseur entre 360 et 72. Si 72 divise exactement 360, comme 72 se divise lui-même, ce sera un diviseur commun à 360 et 72. De plus, ce sera le plus grand commun diviseur des deux nombres 360 et 72, car il ne peut pas exister de nombre supérieur à 72 et qui divise 72.

Donc la première idée qui se présente dans la recherche du plus grand commun diviseur de deux nombres est de voir si le plus petit divise exactement le plus grand.

Si la division se fait exactement, le plus petit nombre est le plus grand commun diviseur cherché. Si la division ne se fait pas exactement, nous voyons d'abord que le plus petit des deux nombres n'est pas le plus grand commun diviseur. De plus, je dis que le plus grand commun diviseur cherché est le même que le plus grand commun diviseur entre le plus petit nombre et le reste de la division précédente; et pour cela je vais démontrer que si je prends les deux nombres donnés d'une part, et d'autre part le plus petit et le reste de la division du plus grand par le plus petit, ces deux groupes de deux nombres ont les mêmes diviseurs communs.

Par exemple, je prends les nombres 376 et 28; je divise 376 par 28; j'obtiens comme quotient 13, et comme reste 12. Il en résulte l'égalité

$$376 = 28 \times 13 + 12.$$

Tout nombre qui divise 28 divise tous ses multiples, et en particulier 28×13. Donc, tout diviseur commun à 376 et à 28, divisant à la fois 376 et 28×13, divise leur différence 12; c'est donc un diviseur commun à 28 et à 12. Réciproquement, tout diviseur commun à 28 et à 12 divise à la fois 28×13 et 12; donc il divise leur somme 376; c'est donc un diviseur commun à 376 et à 28.

Il en résulte que si, par un procédé quelconque, on pouvait obtenir d'une part tous les diviseurs communs à 376 et à 28, et d'autre part tous les diviseurs communs à 28 et à 12, les séries de nombres ainsi obtenus seraient identiques; par suite le plus grand nombre de l'une d'elles serait le plus grand nombre de l'autre. La proposition est donc démontrée.

137. D'après cela, on applique, pour trouver le plus grand commun diviseur de deux nombres, la règle suivante : *On divise d'abord le plus grand nombre par le plus petit; s'il y a un reste, on divise le plus petit nombre par le reste, et ainsi de suite en prenant toujours pour dividende d'une opération le diviseur de l'opération précédente, et pour diviseur le reste; on continue de cette manière jusqu'à ce que l'on arrive à un reste nul; le dernier diviseur est le plus grand*

commun diviseur cherché. Si ce dernier diviseur est l'unité, les deux nombres sont premiers entre eux.

138. On appelle *nombre premier* un nombre qui n'est divisible que par lui-même et par l'unité, autrement dit, un nombre qui n'admet pas de diviseur qui lui soit inférieur. Il résulte immédiatement de cette définition que tout nombre entier qui n'est pas premier a toujours au moins un diviseur. Je dis *qu'un nombre entier qui n'est pas premier admet toujours un diviseur premier.* Par exemple 96, qui n'est pas premier, admet un diviseur qui lui est inférieur. Soit 12 ce diviseur; si 12 est premier, le théorème est démontré. Si 12 n'est pas premier, il admet un diviseur *plus petit que lui*, lequel, divisant 12, divise tous ses multiples, et en particulier 96; soit 6 ce diviseur; en répétant le même raisonnement, on verra que si 6 n'est pas premier, il existe un nombre plus petit qui divise 96. Donc, *le plus petit de tous les diviseurs de 96 est premier.*

139. THÉORÈME. *Tout nombre qui n'est pas premier est un produit de facteurs premiers.*

Soit par exemple le nombre 23100; ce nombre n'est pas premier; par suite il admet un diviseur premier. Soit 2 ce diviseur; on a alors

$$23100 = 2 \times 11550.$$

De deux choses l'une : ou 11550 est premier, et alors le théorème est démontré; ou bien 11550 n'est pas premier, et alors il admet un diviseur premier; soit 2 ce diviseur; on a

$$11550 = 2 \times 5775.$$

Donc, en remplaçant 11550 par une quantité égale, on aura

$$23100 = 2 \times 2 \times 5775.$$

En répétant le même raisonnement, je verrai que, si 5775 n'est pas premier, je puis le remplacer par le produit de deux facteurs, dont l'un est premier, et dont l'autre est plus petit que 5775, et ainsi de suite. En continuant de même, je vois que ce facteur qui va toujours en diminuant, tout en restant entier et n'étant égal ni à zéro, ni à 1, arrive nécessairement à être premier. Donc le nombre est bien égal à un produit de facteurs premiers.

C'est ainsi que l'on trouvera

$$23100 = 2 \times 2 \times 3 \times 5 \times 5 \times 7 \times 11.$$

Trouver ainsi tous les facteurs premiers, égaux ou inégaux, dont le produit est égal à un nombre donné, c'est ce que l'on appelle *décomposer ce nombre en facteurs premiers*.

140. Pour pouvoir faire cette décomposition, il est utile d'avoir à sa disposition une table des nombres premiers inférieurs à une limite donnée, par exemple inférieurs à 150. On trouve un certain nombre de ces tables toutes construites; nous ne nous occuperons pas dans ce cours de dire comment on pourrait les construire; mais nous allons donner la table des nombres premiers inférieurs à 150. Ce sont les nombres

1	13	37	61	89	113
2	17	41	67	97	127
3	19	43	71	101	131
5	23	47	73	103	137
7	29	53	79	107	139
11	31	59	83	109	149

141. Pour décomposer un nombre en facteurs premiers dans la pratique, on emploie la méthode suivante : Proposons-nous, par exemple, de décomposer en facteurs premiers le nombre 5413716000. J'écris le nombre donné, et à sa droite je tire un trait vertical; puis j'esssaie si le nombre est divisible par 2; je vois tout de suite que la division est possible; j'écris le diviseur 2 à droite du nombre; et au-dessous du nombre donné, j'écris le quotient 2706858000: je cherche encore si ce nombre est divisible par 2; j'écris le diviseur à droite du nombre considéré, et le quotient au-dessous; je fais ainsi les divisions par 2 autant de fois qu'elles sont possibles. J'arrive ainsi, après cinq divisions succes-

5413716000	2
2706858000	2
1353429000	2
676714500	2
338357250	2
169178625	3
56392875	3
18797625	3
6265875	3
2088625	5
417725	5
83545	5
16709	7
2387	7
341	11
31	31
1	

sives, au nombre 169178625 qui n'est plus divisible par 2 ;
je cherche s'il est divisible par 3; ce que je reconnais à ce
que la somme de ses chiffres significatifs est divisible
par 3; j'opère avec le diviseur 3 comme je l'ai fait avec
le diviseur 2, et, après quatre divisions successives, j'arrive au nombre 2088625, qui n'est plus divisible par 3;
je cherche s'il est divisible par 5; j'opère avec le diviseur 5
comme je l'ai fait pour les diviseurs 2 et 5; après trois divisions successives, j'arrive au nombre 16709 qui n'est plus
divisible par 5; je cherche s'il est divisible par 7; je puis
faire deux divisions avec ce diviseur et j'obtiens comme
quotient 341; ce nombre est divisible par 11, et comme le
quotient 31 est premier, l'opération est terminée.

Pour indiquer le résultat, on écrit une fois seulement
les facteurs qui ont servi à faire plusieurs divisions, en
leur donnant un exposant égal au nombre de divisions
que l'on a faites avec chacun d'eux. Ainsi, on écrira

$$5413716000 = 2^5 \times 3^4 \times 5^3 \times 7^2 \times 11 \times 31.$$

142. La règle est donc la suivante : *Pour décomposer un
nombre en facteurs premiers, on écrit le nombre, et à sa droite
un trait vertical; on cherche le plus petit nombre premier par
lequel il est divisible; on écrit ce nombre premier à droite du
nombre donné, et le quotient au-dessous du dividende; on
cherche si le même diviseur peut diviser le quotient, et on continue jusqu'à ce que l'on trouve un quotient qui ne soit plus
divisible par ce même diviseur; on essaie alors les nombres
premiers suivants, dans leur ordre croissant, en ayant soin
d'employer le même diviseur autant de fois que possible; et
ainsi de suite jusqu'à ce que l'on soit amené à essayer comme
diviseur le dernier quotient obtenu. Alors on trouve comme
quotient 1, et l'opération est terminée.*

143. Cette manière d'opérer présente les deux avantages
suivants : d'abord, après avoir utilisé un certain facteur,
on n'est pas obligé de chercher si le nouveau quotient est
divisible par les nombres premiers inférieurs; en outre,
dans la pratique, on a souvent des nombres divisibles par
les nombres premiers 2, 3, 5; lorsque ces facteurs ont
été utilisés, le nombre devient beaucoup plus simple, au

moment où l'on doit employer des diviseurs plus difficiles à essayer.

144. Nous ne pousserons pas plus loin, dans ce cours, la théorie des nombres premiers. Nous allons nous contenter d'énoncer les procédés que l'on emploie pour trouver, lorsque deux nombres sont décomposés en facteurs premiers, leur plus grand commun diviseur, et un autre nombre fort utile à considérer, surtout dans la théorie des fractions, le plus petit commun multiple de ces nombres.

Pour trouver le plus grand commun diviseur de deux nombres décomposés en facteurs premiers, on prend le produit de tous les facteurs premiers communs, affectés chacun de leur plus faible exposant.

Prenons par exemple les nombres 9300 et 360. On a

$$9300 = 2^2 \times 3 \times 5^2 \times 31 ;$$
$$360 = 2^3 \times 3^2 \times 5.$$

Le plus grand commun diviseur est $2^2 \times 3 \times 5$ ou 60.

Il est facile de vérifier que, si l'on appliquait la règle ordinaire, on retrouverait le même nombre 60 pour le plus grand commun diviseur.

On appelle *multiple commun à plusieurs nombres* un nombre divisible à la fois par tous les nombres donnés. Le plus petit nombre qui jouisse de cette propriété s'appelle le plus petit commun multiple des nombres donnés.

Pour trouver le plus petit commun multiple de plusieurs nombres décomposés en facteurs premiers, on prend tous les facteurs premiers qui entrent dans les nombres donnés ; on affecte les facteurs communs de leur plus fort exposant, et les facteurs non communs restent avec leur exposant propre ; on fait le produit de tous ces nombres.

Ainsi, par exemple, prenons les nombres 22050 et 2640. On a

$$22050 = 2 . 3^2 . 5^2 . 7^2$$
$$2640 = 2^4 . 3 . 5 , 11.$$

Le plus petit commun multiple est $2^4 . 3^2 . 5^2 . 7^2 . 11$ ou 1940400.

CHAPITRE IX

Les fractions.

145. Il peut arriver qu'une grandeur continue ne contienne pas exactement l'unité principale ; alors, on peut diviser cette unité en un certain nombre de parties égales, et si la grandeur à mesurer contient une ou plusieurs fois l'une de ces parties, on dit qu'elle est mesurée par un *nombre fractionnaire*, ou plus simplement par une *fraction*. Ainsi, si l'on est amené à diviser l'unité en cinq parties égales, par exemple, et que la grandeur contienne trois de ces parties, le nombre qui indique que cette grandeur contient trois fois la cinquième partie de l'unité est une fraction.

Lorsque l'on a pris ainsi une des parties de l'unité principale pour unité auxiliaire, il peut se présenter trois cas :

1. La grandeur à mesurer ne contient pas autant de ces parties qu'il y en a dans l'unité principale ; c'est le cas de l'exemple précédent. On dit alors que le nombre qui exprime la somme de cette grandeur est une *fraction proprement dite*.

2. La grandeur à mesurer contient précisément autant de parties qu'il y en a dans l'unité principale. C'est en particulier ce qui arrive évidemment si l'on mesure cette unité principale au moyen de l'une des unités auxiliaires. Dans ce cas, la mesure de la grandeur est le nombre 1 lui-même.

3. La grandeur à mesurer contient plus de parties qu'il n'en faut pour former l'unité. C'est ce qui arrivera par exemple si, pour mesurer une chambre, on divise l'unité fondamentale de longueur, ou le mètre, en cinq parties égales, et que l'on mesure la longueur au moyen de l'une

de ces parties auxiliaires. On dit alors que le nombre qui exprime la grandeur est un *nombre fractionnaire*.

146. Dans une fraction, on doit considérer deux nombres importants : l'un indique en combien de parties égales on a divisé l'unité ; on l'appelle le *dénominateur*. Dans l'exemple indiqué plus haut, c'est 5. L'autre indique combien on prend de ces parties. On l'appelle le *numérateur* ; c'est 3 dans l'exemple considéré. Le numérateur et le dénominateur d'une fraction s'appellent souvent les *deux termes* de la fraction.

Pour écrire une fraction, on écrit le numérateur, et au-dessous le dénominateur, en les séparant par un trait horizontal.

Ainsi la fraction dont nous nous sommes occupé plus haut s'écrira

$$\frac{3}{5}.$$

Pour énoncer une fraction, on énonce d'abord le numérateur, puis le dénominateur que l'on fait suivre de la terminaison *ième*. Par exemple, la fraction précédente s'énoncera *trois cinquièmes*. Il n'y a d'exception que si le dénominateur est un des nombres 2, 3 ou 4 ; on dit alors *demi* au lieu de *deuxième* ; *tiers* au lieu de *troisième* ; *quart* au lieu de *quatrième*. Quelquefois, on énonce les deux termes en indiquant la position relative des deux nombres ; ainsi on dira par exemple : *trois sur cinq*. Il est bon de se familiariser avec les deux manières d'énoncer une fraction.

147. Lorsque l'on a une fraction, ou un nombre fractionnaire, la fraction qui la sépare de l'unité a pour numérateur la différence des deux termes, et le même dénominateur que la fraction proposée.

En effet, considérons d'abord une fraction proprement dite, $\frac{3}{5}$ par exemple. Cette fraction indique que l'on a divisé l'unité en 5 parties égales, et que l'on a pris 3 de ces parties ; il reste donc un nombre de parties égal à 5 — 3, et ces parties représentent toujours des cinquièmes de l'unité ; donc la fraction qui exprime la partie restante est $\dfrac{5-3}{5}$.

En second lieu, prenons un nombre fractionnaire, $\dfrac{8}{5}$ par exemple. Le nombre 8, étant supérieur à 5, est décomposable en deux parties, dont l'une est 5, et l'autre $8-5$. Donc la grandeur à mesurer se compose elle-même de deux parties, l'une qui contient 5 fois l'une des unités auxiliaires, et l'autre qui contient $(8-5)$ fois cette unité. Or la première partie, par définition, est égale à l'unité ; l'autre partie est exprimée par la fraction $\dfrac{8-5}{5}$; la règle est donc démontrée.

148. Lorsqu'une grandeur est supérieure à l'unité, on se contente, dans la pratique, de chercher d'abord combien elle contient d'unités, et on ne divise cette unité en parties égales que pour mesurer le reste, qui est plus petit que l'unité. La grandeur est alors exprimée par un nombre entier accompagné d'une fraction proprement dite ; par exemple on dira que la mesure d'une grandeur est exprimée par le nombre

$$7+\frac{3}{5}.$$

On appelle encore ce nombre un *nombre fractionnaire*. Nous verrons en effet qu'il est indifférent d'opérer de cette manière ou de diviser *à priori* l'unité en un certain nombre de parties égales ; les deux nombres ainsi obtenus sont équivalents.

149. Théorème. *Lorsque l'on multiplie le numérateur d'une fraction par un nombre entier, la fraction se trouve multipliée par ce nombre entier.* Soit la fraction $\dfrac{5}{17}$; je multiplie son numérateur par 3 ; j'obtiens $\dfrac{5\times 3}{17}$; je dis que la nouvelle fraction est 3 fois plus grande que la première. En effet les deux fractions représentent des grandeurs de même

nature, savoir : la *dix-septième* partie de l'unité ; mais la première fraction contient un certain nombre de ces parties, la seconde en contient 3 fois plus ; donc la seconde fraction est trois fois plus grande que la première. Réciproquement, si le numérateur d'une fraction est exactement divisible par un nombre entier et que l'on fasse la division, on divise la fraction par ce nombre entier.

150. THÉORÈME. *Lorsque l'on multiplie le dénominateur d'une fraction par un nombre entier, la fraction se trouve divisée par le nombre entier.* Soit la fraction $\dfrac{5}{17}$; je multiplie son dénominateur par 3 ; j'obtiens la fraction $\dfrac{5}{17 \times 3}$; je dis que cette fraction est 3 fois plus petite que la première. En effet, si, après avoir divisé l'unité en 17 parties égales, je divise chacune de ces parties en 3 parties égales, il est bien évident que chacune de ces nouvelles parties sera 3 fois plus petite que l'une des précédentes et que, de cette manière, j'aurai divisé l'unité en un nombre de parties égal à 17×3. Or, j'ai une grandeur qui contient 5 fois une des parties provenant de la première division, puis une autre grandeur contenant 5 fois une des parties provenant de la seconde division. La seconde grandeur est donc bien 3 fois plus petite que la première.

Réciproquement, si le dénominateur d'une fraction est exactement divisible par un nombre entier et que l'on effectue la division, la fraction est multipliée par ce nombre entier.

151. Il résulte de ce qui précède qu'il y a deux manières de multiplier une fraction par un nombre entier : en multipliant le numérateur par ce nombre, ou bien, si l'opération se fait exactement, en divisant le dénominateur par ce nombre entier. De même, pour diviser une fraction par un nombre entier, on peut multiplier le dénominateur par ce nombre, ou bien, si la division se fait exactement, diviser le numérateur par ce nombre entier. On voit dans chaque cas que la seconde méthode ne réussit pas toujours ; mais, lorsqu'elle réussit, il est bon de l'employer

de préférence, afin d'avoir une fraction dont les termes soient aussi simples que possible.

152. THÉORÈME. *On ne change pas la valeur d'une fraction quand on multiplie ou quand on divise ses deux termes par un même nombre entier.* Soit la fraction $\frac{5}{17}$; je multiplie ses deux termes par un même nombre 3, et je dis que la fraction que j'obtiens ainsi, $\frac{5 \times 3}{17 \times 3}$, a la même valeur que la fraction proposée. En effet, je multiplie d'abord le numérateur par 3 ; j'obtiens la fraction $\frac{5 \times 3}{17}$, qui est 3 fois plus grande que la fraction $\frac{5}{17}$. Ensuite, je multiple par 3 le dénominateur du résultat ; la fraction $\frac{5 \times 3}{17 \times 3}$, ainsi obtenue, est 3 fois plus petite que la fraction $\frac{5 \times 3}{17}$, et par suite égale à la fraction $\frac{5}{17}$.

Réciproquement, si les deux termes d'une fraction sont divisibles par un même nombre entier et que j'effectue la division, j'obtiendrai une fraction équivalente à la fraction proposée.

Par exemple, je prends la fraction $\frac{5 \times 3}{17 \times 3}$. Je divise le numérateur par 3, j'obtiens la fraction $\frac{5}{17 \times 3}$, qui est 3 fois plus petite que la fraction proposée. Ensuite je divise le dénominateur par 3, et j'obtiens la fraction $\frac{5}{17}$, qui est 3 fois plus grande que la fraction $\frac{5}{17 \times 3}$, et par suite équivalente à la fraction $\frac{5 \times 3}{17 \times 3}$.

153. THÉORÈME. *Une fraction représente le quotient exact de la division de son numérateur par son dénominateur.*

On dit qu'un nombre est le *quotient exact* d'une division, lorsque multiplié par le diviseur il reproduit le dividende.

Cela posé, pour démontrer le théorème énoncé, il suffit de prouver que, lorsqu'on multiplie une fraction par son dénominateur, on trouve pour produit le numérateur. En effet, nous avons vu que, pour multiplier une fraction par un nombre entier, on pouvait diviser, lorsque la division se faisait exactement, le dénominateur par ce nombre. Si donc je prends, par exemple, la fraction $\frac{8}{15}$ pour la multiplier par 15, il me suffit de diviser le dénominateur par 15, ce qui est possible. J'obtiens comme résultat $\frac{8}{1}$; ce résultat indique que l'on a 8 fois une certaine quantité contenue *une fois exactement* dans l'unité, c'est-à-dire 8 fois l'unité, ou le nombre entier 8. Donc, puisque ce nombre n'est autre que le numérateur de la fraction, on voit bien que, en multipliant la fraction par son dénominateur, on obtient comme résultat le numérateur. Le théorème est donc démontré.

154. Ce qui précède nous donne un moyen d'obtenir toujours le quotient complet d'une division. Il suffit d'ajouter à la partie entière du quotient une fraction ayant pour numérateur le reste et pour dénominateur le diviseur. En effet, si par exemple nous divisons 87 par 7, nous trouvons comme quotient 12, et comme reste 3. Nous avons donc, d'après ce que nous avons vu dans la théorie de la division,

$$87 = 7 \times 12 + 3.$$

Divisons par 7 les deux membres de l'égalité ; d'après ce que nous venons de dire le premier membre, mis sous la forme $\frac{87}{7}$, représentera le quotient exact ; le second membre est une somme, et si nous prenons les quotients exacts de la division par 7 de chacune des parties de la somme, nous aurons le quotient du second membre en faisant la somme des deux quotients. Mais le premier terme est le produit de 7 par 12; donc si nous divisons par 7, nous aurons 12; le second terme sera la fraction $\frac{3}{7}$; donc on aura bien

$$\frac{87}{7} = 12 + \frac{3}{7}.$$

Réciproquement de cette égalité on tire, en multipliant par le dénominateur, l'égalité fondamentale de la division.

155. On en déduit que si l'on a une expression formée d'un nombre entier et d'une fraction, on peut la ramener à la forme d'une fraction ordinaire ayant même dénominateur que la fraction proposée et pour dénominateur le nombre que l'on obtient en multipliant le nombre entier par le dénominateur, et ajoutant au résultat le numérateur.

En effet, prenons $12 + \frac{3}{7}$, par exemple; nous avons

$$12 \times 7 + 3 = 87.$$

Donc

$$\frac{12 \times 7 + 3}{7} = \frac{87}{7}.$$

D'autre part on a

$$\frac{87}{7} = 12 + \frac{3}{7};$$

donc

$$12 + \frac{3}{7} = \frac{12 \times 7 + 3}{7}.$$

156. *Simplifier une fraction*, c'est la remplacer par une autre fraction ayant la même valeur que la précédente, mais exprimée en termes plus simples. Lorsque l'on a simplifié une fraction autant qu'il est possible, on dit que la fraction est *réduite à sa plus simple expression*, ou qu'elle est *irréductible*.

Pour simplifier une fraction, on cherche si les deux termes ont un facteur commun, et on divise les deux termes par ce facteur commun. On obtient ainsi une fraction ayant la même valeur que la fraction proposée, mais dont les termes sont évidemment plus simples. Pour réduire la fraction à sa plus simple expression, on répète l'opération précédente autant de fois que cela est possible.

Ainsi, par exemple, je prends la fraction $\dfrac{1782}{4158}$; je remarque d'abord que ses deux termes sont divisibles par 2 ; en effectuant la division, j'ai la fraction $\dfrac{891}{2079}$, qui a la même valeur, avec des termes plus simples ; donc j'ai déjà simplifié la fraction. Je vois ensuite que les deux termes de cette fraction sont divisibles par 9, j'obtiens ainsi $\dfrac{99}{231}$ qui est plus simple que la précédente, et conserve la même valeur. Je puis encore diviser les deux termes par 3, j'ai la fraction plus simple $\dfrac{33}{77}$; sous cette forme, je vois que ses deux termes sont divisibles par 11, ce qui me donne la fraction $\dfrac{3}{7}$, qui est irréductible.

157. Lorsqu'une fraction est irréductible, ses deux termes sont premiers entre eux, car s'ils n'étaient pas premiers entre eux, ils admettraient, par définition, un diviseur commun autre que l'unité. En divisant les deux termes de la fraction par ce diviseur commun, on obtiendrait une fraction qui aurait la même valeur et dont les termes seraient plus simples. La fraction considérée ne serait donc pas irréductible, ce qui est contre l'hypothèse.

Nous admettons sans démonstration, dans ce cours, ce théorème fort important, qui est la réciproque du précédent.

Si une fraction a ses termes premiers entre eux, elle est irréductible, et toute fraction qui lui est égale s'obtient en multipliant par un même nombre les deux termes de la fraction proposée.

158. Lorsque l'on veut ajouter deux quantités, les retrancher l'une de l'autre, ou simplement les comparer entre elles, il faut que ces quantités soient de même na-

ture, et en particulier qu'elles représentent des parties semblables de l'unité. On voit donc que l'on ne peut faire ces opérations que sur des fractions ayant le même dénominateur.

Lorsque cette condition n'est pas remplie, on réduit les fractions données au même dénominateur. *Réduire plusieurs fractions au même dénominateur*, c'est les transformer en d'autres fractions respectivement équivalentes et ayant toutes le même dénominateur.

Cette opération est toujours possible. Prenons par exemple les trois fractions $\frac{5}{7}, \frac{3}{4}, \frac{11}{13}$; en multipliant les deux termes de chaque fraction par le produit du dénominateur de toutes les autres, nous obtenons les fractions

$$\frac{5\times4\times13}{7\times4\times13}, \quad \frac{3\times7\times13}{4\times7\times13}, \quad \frac{11\times4\times7}{13\times4\times7},$$

qui sont respectivement équivalentes aux fractions proposées, puisque on a multiplié les deux termes de chacune des fractions proposées par un même nombre, et qui en outre ont même dénominateur, puisque le dénominateur de chacune d'elles est égal au produit des trois dénominateurs pris dans un ordre différent, et que l'on sait que la valeur d'un produit est indépendante de l'ordre des facteurs du produit.

159. En général, en opérant comme il vient d'être dit, on obtient des fractions qui présentent l'inconvénient d'avoir des termes très considérables; or, il est utile d'exprimer toutes les fractions avec les termes les plus simples possible. On doit donc chercher si l'on ne peut pas obtenir, dans la réduction des fractions au même dénominateur, un dénominateur plus simple que celui obtenu par la règle ordinaire. D'abord il va de soi que l'on diminue très sensiblement la valeur du dénominateur commun, même en prenant le produit de tous les dénominateurs, si l'on a le soin de réduire les fractions à leur plus simple expression.

Lorsque cette première condition est remplie, il est encore, le plus souvent, possible de trouver un dénominateur commun moindre que le produit des dénominateurs. En effet, nous avons dit que, lorsqu'une fraction est irréductible, toute fraction qui lui est égale s'obtient en multipliant les deux termes de la première par un même nombre. Il en résulte que le dénominateur de cette nouvelle fraction est un multiple du dénominateur de la fraction proposée. Donc, le dénominateur commun auquel on pourra réduire plusieurs fractions dont les termes sont premiers entre eux sera un multiple commun à tous les dénominateurs. Par suite, le plus petit commun dénominateur sera le plus petit commun multiple de tous les dénominateurs.

Nous avons dit précédemment comment, étant donnés plusieurs nombres, on peut trouver leur plus petit commun multiple.

Prenons par exemple les fractions irréductibles

$$\frac{7}{24}, \quad \frac{5}{32}, \quad \frac{11}{27}, \quad \frac{13}{42}.$$

Le plus petit commun multiple des dénominateurs s'obtiendra en décomposant d'abord les dénominateurs en facteurs premiers; on aura :

$$24 = 2^3 \times 3; \quad 32 = 2^5; \quad 27 = 3^3; \quad 42 = 2 \times 3 \times 7.$$

Donc le plus petit commun multiple, obtenu en prenant *tous* les facteurs premiers et chacun d'eux avec le plus fort exposant qu'il ait dans les nombres donnés, sera

$$2^5 \times 3^3 \times 7 = 6048.$$

Ce plus petit commun multiple se retrouverait en multipliant chaque dénominateur par un certain nombre entier ; si en même temps on multiplie le numérateur par le même nombre, la fraction ne changera pas de valeur. Or ce nombre, par lequel on multiplie le dénominateur, s'obtiendra évidemment en divisant le plus petit commun multiple par le dénominateur considéré. Donc :

Pour ramener plusieurs fractions au plus petit dénominateur commun, on les réduit d'abord à leur plus simple expression ; ensuite, on prend le plus petit commun multiple des dénominateurs de toutes les fractions ainsi réduites à leur plus simple expression; on divise ce plus petit commun multiple par le dénominateur de chaque fraction, et on multiplie par le quotient obtenu le numérateur de la fraction; le produit est le numérateur d'une fraction équivalente à la fraction proposée, et ayant pour dénominateur le plus petit commun multiple des dénominateurs.

Ainsi, dans l'exemple précédent, après avoir obtenu le plus petit commun multiple 6048, je le divise par les différents dénominateurs, j'obtiens ainsi

$$\frac{6048}{24}=652; \quad \frac{6048}{32}=187; \quad \frac{6048}{27}=224; \quad \frac{6048}{42}=144.$$

Donc les fractions réduites au même dénominateur seront

$$\frac{7\times252}{6048}, \quad \frac{5\times189}{6048}, \quad \frac{11\times224}{6048}, \quad \frac{13\times144}{6048}.$$

160. Nous allons appliquer cette réduction à chercher quel changement on fait subir à une fraction lorsque l'on ajoute une même quantité à ses deux termes. Nous avons vu que la différence qui existe entre une fraction et l'unité est une autre fraction ayant pour numérateur la différence entre les deux termes, et pour dénominateur le dénominateur de la fraction. Mais on sait que la différence entre deux nombres ne change pas quand on les augmente de la même quantité. Si donc je prends les deux fractions

$$\frac{8}{11} \quad \text{et} \quad \frac{8+5}{11+5},$$

les fractions qui les séparent de l'unité sont

$$\frac{3}{11} \quad \text{et} \quad \frac{3}{11+5}.$$

Il est facile de démontrer, par une réduction au même dénominateur, que si deux fractions ont le même numérateur, la plus grande est celle qui a le plus petit dénominateur; en effet, prenons les fractions

$$\frac{3}{11} \quad \text{et} \quad \frac{3}{11+5}.$$

Réduisons-les au même dénominateur, en prenant le produit des dénominateurs ; la première fraction aura pour numérateur

$$3(11+5), \quad \text{et la seconde} \quad 3 \times 11 ;$$

donc la première est plus grande que la seconde.

Il en résulte que, lorsqu'on augmente les deux termes d'une fraction d'une même quantité, la fraction qui la sépare de l'unité diminue, et par conséquent, *en augmentant les deux termes d'une fraction d'une même quantité, on la rapproche de l'unité ; donc on l'augmente, si elle était plus petite que l'unité, on la diminue dans le cas contraire.*

161. *Addition des fractions.* — Nous avons dit que dans l'addition on devait réunir des quantités comptées ou mesurées au moyen de la même unité ; il en résulte qu'on devra, dans le cas des fractions, supposer que l'on a mesuré toutes les grandeurs au moyen de la même partie de l'unité principale, ou bien encore, que l'on ne pourra ajouter que des fractions de même dénominateur. On sait en outre que, pour ajouter plusieurs grandeurs, on ajoute seulement les nombres qui les mesurent, et on fait exprimer au résultat des unités de même nature que l'unité considérée. Il en résulte que l'on devra ajouter les numérateurs des fractions, et faire exprimer au résultat la même partie de l'unité principale qui a servi à mesurer toutes les grandeurs. Ainsi, pour ajouter les fractions $\frac{3}{4}$ et $\frac{1}{6}$, je les réduis d'abord au même dénominateur en prenant ici le plus petit commun multiple 12 des deux dénominateurs ; j'aurai les deux fractions $\frac{9}{12}$ et $\frac{2}{12}$, et je n'aurai qu'à ajouter les numérateurs et faire exprimer des douzièmes au résultat, ce qui me donnera $\frac{9+2}{12}$,

ou $\frac{11}{12}$.

D'où l'on déduit cette règle : *Pour ajouter deux ou plusieurs fractions, on les réduit au même dénominateur ; puis on ajoute les numérateurs ; la somme est le numérateur d'une fraction ayant pour dénominateur le dénominateur commun.*

En particulier si l'une des fractions a pour dénominateur l'unité, c'est-à-dire est un nombre entier, on multiplie ce nombre entier par le dénominateur de la fraction ; au résultat on ajoute le numérateur de la fraction. On donne pour dénominateur le dénominateur de la fraction. Nous avons déjà vu que c'est de cette manière que l'on transforme en un nombre fractionnaire à deux termes une expression composée d'un nombre entier et d'une fraction.

162. Le plus souvent, dans la pratique, on évite d'employer les fractions à deux termes plus grandes que l'unité. On préfère prendre une expression composée d'un nombre entier et d'une fraction moindre que l'unité. Et alors, pour ajouter des expressions de cette nature, on ajoute d'abord les fractions ; si le résultat est une fraction supérieure à l'unité, on en extrait la partie entière, en divisant le numérateur par le dénominateur ; on écrit une fraction ayant pour numérateur le reste, et pour dénominateur le diviseur ; puis on ajoute le quotient aux nombres entiers donnés.

Par exemple, pour ajouter les expressions

$$3+\frac{5}{7}, \quad 5+\frac{7}{8}, \quad 8+\frac{11}{14},$$

On réduit d'abord les fractions au même dénominateur 56, ce qui donne les fractions $\frac{40}{56}, \frac{49}{56}, \frac{44}{56}$; on les ajoute, on trouve $\frac{133}{56}$, ou $2+\frac{21}{56}$, ou encore en réduisant $2+\frac{3}{8}$; en additionnant le quotient 2 avec les nombres entiers, on trouvera comme résultat définitif $18+\frac{3}{8}$.

163. *Soustraction des fractions.* Ce que nous avons dit pour l'addition nous suffira pour expliquer la règle suivante :

Pour retrancher une fraction d'une autre fraction, on les réduit au même dénominateur, puis on retranche le numérateur de la plus faible du dénominateur de la plus grande, et on donne comme dénominateur au reste le dénominateur commun.

Lorsqu'on a un nombre entier suivi d'une fraction à retrancher d'un autre nombre entier suivi d'une fraction, on retranche d'abord la fraction qui accompagne le plus petit nombre entier de celle qui accompagne le plus grand nombre entier. Si l'opération n'est pas possible, on ajoute au plus petit numérateur son dénominateur, ce qui revient à augmenter le plus grand nombre d'une unité, et rend l'opération possible; puis on a soin d'augmenter le plus petit nombre entier d'une unité avant de faire la soustraction des parties entières.

Ainsi, pour retrancher $\frac{1}{6}$ de $\frac{3}{4}$, je réduis d'abord les fractions au même dénominateur 12, et je retranche $\frac{2}{12}$ de $\frac{9}{12}$, pour cela, je retranche 2 de 9, et le résultat est $\frac{9-2}{12}$, ou $\frac{7}{12}$.

Si je veux retrancher $3 + \frac{4}{7}$ de $7 + \frac{8}{21}$, je réduis d'abord les fractions au même dénominateur, j'ai les fractions $\frac{12}{21}$ et $\frac{8}{21}$; comme 12 est plus grand que 8, j'augmente 8 de 21, et je retranche $\frac{12}{21}$ de $\frac{29}{21}$; mais ensuite je retranche 4 de 7, et j'ai comme résultat définitif $3 + \frac{17}{21}$.

164. *Multiplication des fractions.* — La définition que nous avons donnée pour la multiplication des nombres décimaux est encore applicable à la multiplication des fractions. Multiplier un nombre par $\frac{5}{8}$, c'est trouver un

nombre formé avec le multiplicande comme le multiplicateur $\frac{5}{8}$ est formé avec l'unité.

Or, pour obtenir $\frac{5}{8}$, on divise l'unité par 8, puis on multiplie le résultat par 5. Donc, pour multiplier, par exemple $\frac{11}{17}$ par $\frac{5}{8}$, je diviserai d'abord le multiplicande par 8, en multipliant son dénominateur par 8, et ensuite je multiplierai le résultat par 5, en multipliant son numérateur par 5. J'aurai donc pour produit $\frac{11 \times 5}{17 \times 8}$. En comparant ce résultat aux deux fractions données, on voit que *le produit est une fraction ayant pour numérateur le produit des numérateurs, et pour dénominateur le produit des dénominateurs.*

Si les deux facteurs ou l'un d'entre eux sont formés d'une partie entière et d'une partie fractionnaire, on les ramène à la forme d'une fraction ordinaire à deux termes avant de faire la multiplication.

On peut appliquer le raisonnement à un produit de plusieurs fractions, et on arrive à cette règle générale que *le produit de plusieurs fractions est une fraction ayant pour numérateur le produit des numérateurs, et pour dénominateur le produit des dénominateurs.*

165. La propriété relative à un produit de plusieurs facteurs, qui dit que l'on peut intervertir l'ordre des facteurs, s'applique au cas des facteurs fractionnaires. Ainsi on a $\frac{3}{7} \times \frac{5}{8} \times \frac{11}{13} \times \frac{9}{17} = \frac{5}{8} \times \frac{9}{17} \times \frac{11}{13} \times \frac{3}{7}$.

En effet, si nous faisons le premier produit, nous avons $\frac{3 \times 5 \times 11 \times 9}{7 \times 8 \times 13 \times 17}$.

Mais le numérateur est un produit de facteurs entiers, dans lequel on peut intervertir l'ordre des facteurs ; il en est de même du dénominateur. Par suite, les deux termes conservant la même valeur, la fraction obtenue comme produit conserve la même valeur, quel que soit l'ordre dans lequel on écrit les facteurs. On peut en particulier l'écrire $\dfrac{5 \times 9 \times 11 \times 3}{8 \times 17 \times 13 \times 7}$; mais sous cette forme, on reconnaît précisément le produit que l'on obtiendrait en effectuant la multiplication $\dfrac{5}{8} \times \dfrac{9}{17} \times \dfrac{11}{13} \times \dfrac{3}{7}$. Donc, ce produit est bien égal au produit proposé.

166. *Division des fractions.* — Dans la division des fractions, nous nous proposons de trouver un nombre qui, multiplié par le diviseur, reproduise le dividende. Ainsi, diviser $\dfrac{7}{11}$ par $\dfrac{5}{8}$, c'est trouver un nombre qui, multiplié par $\dfrac{5}{8}$, reproduise $\dfrac{7}{11}$; donc le dividende $\dfrac{7}{11}$ est formé avec le quotient inconnu comme $\dfrac{5}{8}$ est formé avec l'unité. Il représente donc les $\dfrac{5}{8}$ du quotient. On est donc ramené à chercher les 8 *huitièmes* d'un nombre dont on connaît les 5 *huitièmes*. Je vais d'abord chercher la valeur de 1 *huitième* du quotient ; pour cela, il suffit évidemment de diviser par 5 le dividende $\dfrac{7}{11}$; j'obtiens alors $\dfrac{7}{11 \times 5}$. Pour avoir ensuite la valeur des 8 *huitièmes* du quotient ou le quotient tout entier, je multiplie le résultat précédent par 8 ; j'ai ainsi $\dfrac{7 \times 5}{11 \times 8}$. On voit que le résultat ainsi obtenu est le même que si je multipliais $\dfrac{7}{11}$ par $\dfrac{8}{5}$. Cette fraction $\dfrac{8}{5}$ diffère de la fraction diviseur seulement parce que l'on a pris le numérateur pour dénominateur, et inversement. En d'autres termes, on a renversé la fraction diviseur.

De là cete règle générale : *Pour diviser une fraction par une autre fraction, il suffit de multiplier la fraction dividende par la fraction diviseur renversée.*

167. Dans certains cas, on peut opérer un peu différemment. Si le numérateur de la fraction dividende était exactement divisible par le numérateur de la fraction diviseur, et qu'il existât la même relation entre les dénominateurs, on pourrait diviser terme à terme. Prenons par exemple la fraction $\dfrac{56}{45}$, et proposons-nous de la diviser par $\dfrac{7}{9}$. Si nous pouvons trouver un nombre entier qui, multiplié par 7, donne comme produit 56, et un autre qui multiplié par 9 donne 45, la fraction qui aura pour numérateur le premier nombre et pour dénominateur le second répond à la définition que nous avons donnée du quotient. Pour obtenir le premier nombre, il suffira de chercher si 56 est exactement divisible par 7. On trouve 8 pour quotient exact; de même 45, divisé par 9, donne comme quotient exact 5.

Donc la fraction $\dfrac{8}{5}$ est le quotient cherché, et on voit qu'on l'a obtenue en divisant les termes de la fraction dividende par les termes correspondants de la fraction diviseur.

168. La fraction que l'on obtient en renversant les termes d'une fraction donnée s'appelle l'*inverse* de cette fraction. Il est facile de voir que le produit d'un nombre par son inverse est toujours égal à l'unité, car ce produit est une fraction ayant pour numérateur le produit des deux termes de la fraction proposée, le dénominateur est formé de la même manière, et par suite les deux termes de la fraction étant égaux, cette fraction a pour valeur l'unité.

169. Nous avons vu qu'une fraction représente toujours le quotient exact de la division de son numérateur par son dénominateur. Nous avons vu aussi comment on pouvait obtenir le quotient de deux nombres, entiers ou décimaux, avec une erreur moindre qu'une unité d'un ordre décimal donné. L'avantage que présentent dans les calculs les nombres décimaux a fait rechercher si l'on ne

pouvait pas transformer les fractions ordinaires en fractions décimales. Cette opération s'appelle la *conversion des fractions en fractions décimales*. On se propose comme but de chercher une fraction décimale qui soit exactement équivalente à la fraction donnée. Pour cela, on ne fixe pas l'approximation ; on continue à faire la division comme nous l'avons indiqué pour la division des nombres décimaux, c'est-à-dire que, à droite du reste de l'une des divisions, on met un zéro pour former le dividende suivant. Alors, ou bien, au bout d'un certain nombre d'opérations, on obtient un reste égal à zéro, et alors la fraction est exactement convertie en décimales, ou bien on retrouve un reste que l'on avait déjà obtenu, et, à partir de ce moment, l'opération se continue indéfiniment en donnant les mêmes chiffres dans le même ordre au quotient. On dit alors que la fraction est *périodique*. Il doit en être ainsi d'après la manière même dont on opère ; car, puisque l'on retrouve un reste déjà obtenu, en mettant un zéro à sa droite, on retrouve un dividende déjà employé, et par suite, on recommence une série d'opérations que l'on a déjà faites.

Il peut arriver que le reste qui se reproduit ainsi soit le numérateur de la fraction elle-même. Alors on voit que le premier chiffre qui se reproduit est celui qui suit la virgule. La fraction est dite *périodique simple*. Ou bien le reste qui se reproduit ne s'est présenté d'abord que dans le cours de l'opération. Il y a alors un certain nombre de chiffres qui ne se reproduisent pas au commencement du nombre décimal. On dit que la fraction est *périodique mixte*.

Ainsi $\dfrac{3}{11}$ donne la fraction $0,27272727$; la fraction est périodique simple, et la période est 27 ; la fraction $\dfrac{7}{55}$ donne la fraction décimale périodique mixte $0,127272727$, la partie irrégulière est 1 ; la période est 27.

CHAPITRE X

Règles de trois.

170. Il arrive fréquemment que deux quantités soient telles que toute variation dans la valeur de l'une entraîne une variation correspondante dans la valeur de l'autre. Par exemple, la physique nous apprend que toute variation de la température entraîne une variation dans le volume d'un corps déterminé ; et inversement, de la variation du volume de ce corps, on déduit une variation dans la température.

171. Lorsque les deux grandeurs qui varient ainsi simultanément sont telles que, si l'une devient un certain nombre de fois plus grande ou plus petite, l'autre devient en même temps le même nombre de fois plus grande ou plus petite, on dit que les deux grandeurs sont *proportionnelles*, ou qu'elles *varient proportionnellement* ou en *raison directe*.

Ainsi le prix d'une étoffe est proportionnel à sa longueur, parce que si le nombre de mètres devient 2, 3, 4 fois plus grand ou plus petit, le prix devient en même temps 2, 3, 4 fois plus grand ou plus petit.

172. Il peut arriver au contraire que l'une des grandeurs devenant un certain nombre de fois plus grande, l'autre devienne en même temps le même nombre de fois plus petite. On dit alors que les grandeurs sont *inversement proportionnelles*, ou varient *en raison inverse*.

Par exemple, le temps nécessaire pour faire un certain ouvrage devient deux fois moindre si le nombre d'ouvriers employés à faire cet ouvrage est deux fois plus grand. La physique nous apprend que, à égalité de poids, le volume d'une masse gazeuse devient deux fois moindre quand la pression devient deux fois plus forte, et inversement.

173. Il arrive aussi que la valeur d'une quantité

dépende de celle de plusieurs autres quantités, de telle manière que, *une quelconque* de ces quantités variant, la grandeur considérée varie nécessairement en même temps. Alors, si la quantité considérée est telle que, lorsque *une seule* des quantités dont elle dépend vient à varier, elle est proportionnelle à cette grandeur, on dit que la grandeur considérée est *directement proportionnelle aux diverses quantités dont elle dépend.* Ainsi, par exemple, le volume d'une chambre est proportionnel à sa longueur, à sa largeur et à sa hauteur, parce que, si l'on fait varier l'une quelconque de ces dimensions, le volume varie proportionnellement à cette dimension ; en effet, si la largeur et la hauteur restent les mêmes, pendant que la longueur devient deux fois plus grande, le volume devient deux fois plus grand, et ainsi de suite.

Dans certains cas, lorsque l'on fait varier une des grandeurs dont dépend une quantité, cette quantité est inversement proportionnelle à la grandeur qui varie ; et, en général, il peut arriver qu'une grandeur qui dépend de plusieurs autres soit directement proportionnelle à plusieurs de ces quantités, et inversement proportionnelle à d'autres.

174. L'arithmétique ne nous fait pas connaître si deux quantités sont directement ou inversement proportionnelles ; c'est à d'autres sciences que nous devons cette notion. Ainsi, la géométrie nous apprend que la surface d'un rectangle dont la base est invariable est proportionnelle à sa hauteur ; par la physique, nous savons que les volumes d'une même masse gazeuse sont inversement proportionnels aux pressions qu'elle supporte, et ainsi de suite ; ou bien cette proportionnalité dépend du raisonnement ou de conventions particulières. L'arithmétique nous donne seulement le moyen de faire les calculs relatifs aux grandeurs proportionnelles à l'aide de ce que l'on appelle les *Règles de trois.*

175. *On sait que deux grandeurs sont directement ou inversement proportionnelles ; on connaît les valeurs correspondantes de ces deux quantités à un moment donné, et l'on demande ce que devient l'une d'elles, lorsque l'autre prend une*

valeur particulière donnée. Résoudre une pareille question, c'est faire une *règle de trois.*

Par exemple, *on sait que 55 mètres de drap coûtent 955 fr., combien coûteront 17 mètres de ce drap?* La réponse à cette question se trouve par une *règle de trois directe.*

En effet, les valeurs correspondantes des deux grandeurs directement proportionnelles sont 55 mètres et 935 francs. Si le nombre de mètres prend la valeur particulière 17, que devient le nombre de francs?

Si l'on veut savoir *combien de temps il faudra à 35 ouvriers pour faire un ouvrage que 14 ouvriers font en 30 jours,* on trouve la réponse par une *règle de trois inverse.* — En effet les valeurs correspondantes des deux grandeurs inversement proportionnelles sont 14 ouvriers et 30 jours; si le nombre d'ouvriers devient 35, que devient le nombre de jours?

176. Lorsqu'une quantité est directement ou inversement proportionnelle à plusieurs autres, on peut se donner la valeur de cette quantité correspondant à des valeurs déterminées des grandeurs dont elle dépend; puis on cherche quelle est la valeur que prend la même quantité quand on donne certaines autres valeurs aux grandeurs dont elle dépend : la réponse à cette question s'obtient en résolvant une série de règles de trois. On appelle *règle de trois composée* l'ensemble des raisonnements dont se compose la solution de la question.

177. Le cas le plus simple de la résolution de la règle de trois est celui où, connaissant la valeur de l'une des quantités qui correspond à une valeur donnée de la seconde quantité, on cherche ce que devient la première pour une valeur 1 donnée à la seconde; ou inversement, lorsque l'on sait quelle est la valeur de l'une des quantités qui correspond à la valeur 1 de l'autre, quelle est la valeur de la première pour une valeur particulière de la seconde. Ces deux questions très simples, ayant une importance capitale pour la résolution de la règle de trois, nous allons insister sur leur solution.

178. PROBLÈME. *On sait que 25 mètres de drap coûtent 425 fr. Quel est le prix d'un mètre de ce drap?*

Il est évident que le prix d'une certaine longueur de drap est proportionnel à cette longueur. Par conséquent, la longueur devenant 25 fois plus petite, le prix deviendra 25 fois plus petit. Donc, *on trouvera le prix du mètre en divisant le prix donné par le nombre de mètres.* On trouvera pour résultat ici 17. Donc le mètre du drap considéré vaut 17 francs.

179. PROBLÈME. *Quel est le prix de 12 mètres de soie à 11 fr. 25 le mètre ?*

Le prix d'une certaine longueur de soie est, comme précédemment, proportionnel à la longueur. Par conséquent, la longueur devenant 12 fois plus grande, le prix deviendra 12 fois plus grand. Donc, *pour avoir le prix de la longueur donnée, on multipliera le prix du mètre par le nombre de mètres.* On trouve 135 fr., pour réponse au problème.

180. PROBLÈME. *Il a fallu 12 jours à 7 ouvriers pour faire un certain ouvrage. Combien faudra-t-il employer d'ouvriers pour faire le même ouvrage en 1 jour ?*

On doit admettre que le nombre d'ouvriers est inversement proportionnel au temps, c'est-à-dire que si l'on dispose d'un temps deux fois moindre, il faut employer deux fois plus d'ouvriers. D'après cela, on demande que le temps employé soit 12 fois moindre ; il faudra donc employer 12 fois plus d'ouvriers, ou un nombre d'ouvriers égal à 7×12. Donc, *lorsque l'on a deux grandeurs inversement proportionnelles, pour trouver la valeur que prend l'une d'elles lorsque l'autre est égale à l'unité, on multiplie les deux valeurs correspondantes de ces grandeurs.*

181. PROBLÈME. *Un ouvrier a fait un ouvrage en 30 jours. Combien aurait-il fallu de jours à 6 ouvriers pour faire le même ouvrage ?*

Le temps nécessaire pour faire l'ouvrage est inversement proportionnel au nombre d'ouvriers. Par conséquent, *si l'on connaît le temps nécessaire à un ouvrier, pour avoir le temps que mettront un certain nombre d'ouvriers, il suffira de diviser la première durée par le nombre d'ouvriers;* on trouvera, dans l'exemple particulier qui nous occupe, 5 jours.

182. Dans les questions qui conduisent à une règle de

trois, nous devons chercher la valeur que prendra l'une des quantités, lorsque l'autre prendra une autre valeur déterminée. Pour résoudre une pareille question, nous passerons par la valeur que prend la quantité inconnue lorsque l'autre quantité devient égale à l'unité ; puis nous partirons de cette valeur auxiliaire pour arriver à la véritable valeur cherchée. Cette méthode est celle que l'on appelle la *méthode de réduction à l'unité*. On voit que, au point de vue théorique, elle ramène la question à la résolution de deux règles de trois ; mais nous avons vu que ces deux règles de trois sont extrêmement simples, et leur ensemble donne une solution très rapide de la question.

Il faut toujours avoir soin, quand on fait le raisonnement, de chercher si la règle de trois est directe ou inverse, avant de faire aucun calcul ; cette connaissance acquise, on évite d'effectuer les calculs relatifs à la première règle de trois, à cause des simplifications qui pourront se produire plus tard.

183. **PROBLÈME.** *Quelle est la hauteur d'une tour qui donne* 58 *mètres d'ombre, lorsque, dans les mêmes circonstances,* 2 *mètres de hauteur donnent* $4^m,64$ *d'ombre?*

Les rayons lumineux ont la même direction et, dans ce cas, des considérations géométriques nous apprennent que les ombres sont proportionnelles aux hauteurs. Nous allons chercher d'abord quelle est la hauteur qui donnerait la longueur d'ombre de 1 mètre ; pour cela, puisque nous savons que $4^m,64$ d'ombre correspondent à 2 mètres de hauteur, pour avoir la hauteur correspondant à 1 mètre, nous diviserons 2 par 4,64. Ensuite, nous aurons la valeur de la hauteur correspondant à 58 mètres d'ombre en multipliant le résultat par 58. Nous ferons rapidement l'opération comme il suit :

$4^m,64$ d'ombre donnent une hauteur de 2^m

$$1 \quad\quad\quad — \quad\quad\quad \frac{2}{4^m,64}$$

$$58 \quad\quad\quad — \quad\quad\quad \frac{2 \times 58}{4,64}$$

En effectuant les calculs, on trouve 25 mètres.

184. **Problème.** *Une place assiégée contient 2400 hommes et a des vivres pour 90 jours. Elle reçoit un renfort de 600 hommes. Pendant combien de temps pourra-t elle nourrir sa garnison complète, avec la même ration ?*

Le nombre de jours que doit durer la consommation est en raison inverse du nombre d'hommes, et par suite du nombre de rations à livrer chaque jour.

La garnison complète sera de 2400 + 600 ou 3000 hommes. On fera le raisonnement suivant :

Pour une garnison de 2400 hommes, le nombre de jours de vivres sera de...... 90

— 1 h., il sera 2400 fois plus fort, ou....... 90×2400

— 3000 h., il sera 3000 fois plus faible, ou ..... $\dfrac{90 \times 2400}{3000}$

En effectuant le calcul, on trouve 72 jours.

185. Lorsque la grandeur considérée dépend de plusieurs autres, auxquelles elle est directement ou inversement proportionnelle, on peut se donner la valeur de cette quantité correspondant à des valeurs connues des quantités dont elle dépend, et chercher ce que devient cette grandeur lorsque les autres prennent de nouvelles valeurs données. Dans ce cas, on fait successivement varier *une seule* des grandeurs, en la faisant passer de son ancienne valeur à la nouvelle, et on est amené à résoudre un certain nombre de règles de trois. On a bien soin, pour chacune d'elles, de partir de la valeur déterminée par la précédente, après avoir cherché si la règle de trois que l'on est amené à faire est directe ou inverse ; on n'effectue pas les calculs, par suite des simplifications qui peuvent se rencontrer après la fin de l'opération. Un exemple va nous montrer comment on agit dans ce cas.

186. **Problème.** *16 terrassiers sont occupés à creuser un fossé de 48ᵐ de long sur 14 de large et 6 de profondeur ; leur activité est représentée par 5, et ils doivent travailler 9 heures par jour. Combien mettront-ils de jours pour faire ce travail,*

sachant que 12 ouvriers, dont l'activité était représentée par 7, ont creusé en 8 jours, travaillant 10 heures par jour, un fossé de 56ᵐ de long sur 18 de large et 5 de profondeur?

Sur une première ligne nous mettrons les valeurs des quantités données auxquelles correspond la valeur connue de même espèce que la quantité cherchée, et aussi cette valeur connue : sous chacune des quantités, nous mettrons la seconde valeur de même espèce, en représentant par une certaine lettre, x par exemple, la quantité inconnue, nous aurons

12 ouv. 7 act. 56 long. 18 larg. 5 prof. 10 heures 8 jours.
16   5   48   14   6   9 x

Puis, nous dirons : Le temps inconnu est inversement proportionnel au nombre d'ouvriers ; donc

12 ouvriers mettent 8 jours
1   — 8×12
16   — $\dfrac{8 \times 12}{16}$.

Ensuite, le nombre de jours est inversement proportionnel à l'activité des ouvriers ; donc

Si l'activité est 7, le nombre de jours est $\dfrac{8 \times 12}{16}$;

—   1,   — $\dfrac{8 \times 12 \times 7}{16}$

—   5,   — $\dfrac{8 \times 12 \times 7}{16 \times 5}$

En troisième lieu, le nombre de jours est directement proportionnel à la longueur, par suite

La longueur étant 56, le nombre de jours est $\dfrac{8 \times 12 \times 7}{16 \times 5}$

—   1,   — $\dfrac{8 \times 12 \times 7}{16 \times 5 \times 56}$

—   48,   — $\dfrac{8 \times 12 \times 7 \times 48}{16 \times 5 \times 56}$.

En quatrième lieu, le nombre de jours est directement proportionnel à la largeur ; par suite

La largeur étant 18, le nombre de jours est $\dfrac{8 \times 12 \times 7 \times 48}{16 \times 5 \times 56}$

— 1, — $\dfrac{8 \times 12 \times 7 \times 48}{16 \times 5 \times 56 \times 18}$

— 14, — $\dfrac{8 \times 12 \times 7 \times 48 \times 14}{16 \times 5 \times 56 \times 18}$

De même, le nombre de jours est directement proportionnel à la profondeur; donc

La prof. étant 5, le nombre de jours est $\dfrac{8 \times 12 \times 7 \times 48 \times 14}{16 \times 5 \times 56 \times 18}$

— 1, — $\dfrac{8 \times 12 \times 7 \times 48 \times 14}{16 \times 5 \times 56 \times 18 \times 5}$

— 6, — $\dfrac{8 \times 12 \times 7 \times 48 \times 14 \times 6}{16 \times 5 \times 56 \times 18 \times 5}$

Enfin, le nombre de jours est inversement proportionnel
au nombre d'heures de travail par jour; donc

P^r 10 h^{res} de trav., le nomb. de j^{rs} est $\dfrac{8 \times 12 \times 7 \times 48 \times 14 \times 6}{16 \times 5 \times 56 \times 18 \times 5}$

1 — $\dfrac{8 \times 12 \times 7 \times 48 \times 14 \times 6 \times 10}{16 \times 5 \times 56 \times 18 \times 5}$

9 — $\dfrac{8 \times 12 \times 7 \times 48 \times 14 \times 6 \times 10}{16 \times 5 \times 56 \times 18 \times 5 \times 9}$

Ce dernier résultat est la valeur cherchée; on fait les
réductions qui se remarquent facilement sous cette forme,
on trouve enfin la fraction irréductible

$$\dfrac{7 \times 4 \times 2 \times 2}{5 \times 3},$$

On peut effectuer la division en nombres complexes; en
comptant la journée de 9 heures, on trouve

$$7 \text{ jours } 4 \text{ heures } \tfrac{1}{5}.$$

Nous ne nous étendrons pas davantage sur les règles de
trois proprement dites, les problèmes qui nous restent à
traiter n'étant eux-mêmes que des applications de la règle
de trois, simple ou composée.

Exercices.

1. Pour faire une douzaine de chemises, une couturière a employé :

> 33ᵐ,60 de toile à 1 fr. 10 le mètre ;
> 2ᵐ,40 de toile cretonne à 1 fr. 50 le mètre ;
> 6 douzaines de boutons à 0 fr. 10 la douzaine ;
> 12 pelotes de fil à 0 fr. 10 la pelote.

Elle a consacré à ce travail 18 journées à 1 fr. 20 la journée ; quelle est la dépense totale, et à combien revient une chemise ? (*Certificat d'ét. primaires, Oise.*)

2. Dans le commerce, les plumes d'acier se vendent à la grosse, ou boîtes de 12 douzaines. Un papetier ayant acheté pour 70 **fr.** de plumes à 0,80 et à 1,20 la grosse, on demande combien il a acheté de grosses de chaque espèce, sachant qu'il a acheté 2 grosses à 0,80 contre une à 1,20 ; on demande aussi le prix de revient de la douzaine de chaque espèce de plumes. (*Certif. d'étud. primaires, Baccarat.*)

3. Une bougie coûte 32 centimes et dure 7 h. 25 m. Quelle est la dépense par heure ? (*Cert. d'ét. prim., Gironde.*)

4. Un négociant a fait faillite ; il donne à ses créanciers 17 p. 100 de ce qu'il leur doit. Combien devait-il à l'un d'eux qui a reçu 255 fr. ? (*Cert. d'ét. prim., Gironde.*)

5. Une demi-pièce de vin de 114 litres, ayant coûté 68 fr., a été mise en bouteilles de 0ˡ,76 de capacité : les bouchons valent 70 centimes le cent, et la mise en bouteilles revient à 5ᶠ, 50. Calculer le prix d'une bouteille de vin. (*Cert. d'ét. prim., Fécamp.*)

6. Les frais de culture de un hectare de terre ensemencée en blé se sont élevés à 185 fr. ; le cultivateur a récolté 17 hectolitres de blé et il a vendu pour 24 fr. de paille. Combien doit-il revendre le double décalitre de blé pour gagner 2ᶠ,13 par are ? (*Cert. d'ét. prim., Orne.*)

7. L'air qui nous entoure et que nous respirons pèse 783 fois moins que l'eau, à volume égal ; le mercure pèse 13,596 fois plus que l'eau. Quel est le volume d'air qui pèse autant que 5ˡ,428 de mercure ? (*Cert. d'ét. prim., Drôme.*)

8. Une machine à vapeur fait, en 7 heures, 30 mètres d'étoffe ; elle emploie 16 mètres cubes d'eau par heure. Combien mettra-t-elle de temps pour faire 264 mètres de la même étoffe, et combien emploiera-t-elle de mètres cubes d'eau pour faire ce travail ? (*Cert. d'ét. prim., Gironde.*)

9. 3 ouvriers travaillant 7 heures par jour, ont fait 6^m,26 d'étoffe en 4 jours. Combien faadrait-il de temps à 8 ouvriers travaillant 5 h. par jour pour faire 18^m,75 de la même étoffe ? (*Cert. d'ét. prim., Jura.*)

10. Un champ d'un hectare ayant reçu 45 mètres cubes de fumier, a produit 530 gerbes qui ont donné 28 hectolitres 5 décalitres de froment. Dans les mêmes conditions, combien faudra-t-il employer de mètres cubes de fumier dans un champ de 148 ares 34 centiares, et combien ce champ produira-t-il de gerbes et d'hectolitres de froment ? (*Cert. d'ét. prim., Oise.*)

11. Un tisserand a employé 9 jours pour fabriquer une pièce de toile de 60^m,75 de longueur. La quantité de fil nécessaire pour faire 4^m,50 est de 1^k,125. Chaque écheveau pèse 0^g,36, et l'on a 34 écheveaux pour 36^f,73. D'ailleurs, le tisserand est payé à raison de 9^f,90 par semaine de 6 jours ; on demande, d'après cela, combien le fabricant devra vendre le mètre pour gagner 20 p. 100 sur le prix de revient ? (*Brevet simple, Meuse.*)

12. On donne par jour à un cheval 2 bottes de fourrage pesant chacune 5 kilogr. Un cultivateur qui a 2 chevaux a récolté 1 h^a,5 de fourrage à raison de 250 quintaux par hectare. On demande pour combien d'argent il en pourra vendre, en réservant la nourriture de ses 2 chevaux pour 1 an, s'il vend son fourrage 35 fr. les 100 bottes. (*Cert. d'ét. prim., Sarthe.*)

13. Un marchand de bois a acheté les fagots de ramilles d'une coupe en exploitation. Il est convenu de les payer à raison de 48 fr. le mille, à condition d'en recevoir 4 p. 100 en sus. L'exploitation de la coupe terminée, il s'y trouve en tout 14274 fagots ; que doit-il payer ? (*Concours cantonal, Deux-Sèvres.*)

14. L'hectolitre d'avoine pèse 48^k,5. Quel sera le prix de l'hectolitre et du double décalitre, sachant que le quintal vaut 15^f,85 ? (*Cert. d'ét., Belfort.*)

15. Un gazomètre renferme 28000 mètres cubes de gaz d'éclairage ; combien peut-on, avec ce gazomètre, alimenter de becs de gaz pendant 5 heures, sachant qu'un bec de gaz brûle 125 litres par heure ? (*Cert. d'ét., Charente-Inf.*)

16. Un marchand a acheté 130 moutons pour 2080 fr. Combien faut-il qu'il revende chaque mouton pour qu'il gagne 260 fr. sur le tout ? (*Cert. d'ét., Somme.*)

17. Un négociant a acheté 360000 kil. de houille à 6^f,80 les 100 kil. Il revend cette houille 6 fr. l'hectolitre. Trouver le gain total, sachant qu'un hectolitre de houille pèse 80 kilog.? (*Conc. cant., Puy-de-Dôme.*)

18. Un approvisionnement de vins est suffisant pour donner

80 centilitres par jour à 20 personnes et pour 63 jours; on veut qu'il serve à 56 personnes pendant 30 jours; à combien devra-t-on réduire leur ration ? (*Cert. d'ét. prim.*, *Eure.*)

19. Un serrurier a acheté du fer et de l'acier; il y en a autant de l'un que de l'autre, en tout 56 kil. pour 61 fr. 60; le prix du kil. d'acier est 3 fois celui du kil. de fer; quel est le prix du kil. de chaque sorte? (*Conc. cant.*, *Seine-Inférieure.*)

20. Un ouvrier devait recevoir 144 fr. pour un travail qui demandait 3 semaines de 6 jours chacune; mais il n'a travaillé que 6 jours 5 heures; combien recevra-t-il, la journée étant de 10 heures ? (*Cert. d'ét. prim.*, *Paris.*)

21. L'eau salée que l'on retire du fond d'une mine de sel gemme renferme les 0,09 de son poids de sel pur; quel poids d'eau salée faudra-t-il évaporer pour obtenir 4734 kil. de sel? Combien faudra-t-il brûler de kil. de houille sous les chaudières d'évaporation, sachant que l'on obtient 7 kil. de vapeur par kil. de houille brûlée? (*Aspirantes, Caen.*)

22. Un bec de gaz consomme 270 hectol. en 86 heures, et occasionne une dépense de 8^f.15. On demande : 1° combien ce bec brûle de gaz en 6 heures et demie; 2° ce que coûte l'éclairage par heure; 3° quel est le prix d'un mètre cube de gaz ? (*Brevet simple, Oise.*)

23. En admettant qu'une surface de 7 ares produise 12 décalitres de pommes de terre; que l'hectolitre de pommes de terre pèse 65 kilog., que la pomme de terre donne les $\dfrac{4}{25}$ de son poids en fécule, et que la fécule se vende 45 fr. les 100 kil, on demande quel sera le prix de la fécule extraite des pommes de terre récoltées dans une propriété de forme rectangulaire ayant 208 mètres de longueur sur 76 mètres de largeur. (*Brevet simple, Montpellier.*)

24. 4 kil. d'eau de mer contiennent 1 hectol. de sel, et 40 centim. cubes de cette eau pèsent 41 gr.; on demande combien 135^h,75 contiennent de sel. (*Brevet simple, Bourg.*)

25. Une voiture est chargée de 350 gerbes de blé; le poids de la voiture est les $\dfrac{3}{11}$ du poids total; la gerbe de blé pèse 11 kil. Quel effort, en kil., doit faire un cheval, si la force de tirage est les $\dfrac{3}{41}$ du poids total, cette voiture étant attelée de 4 chevaux ? (*Éc. normale, Haute-Marne.*)

26. 7^h,09 de vigne valent 15^h,30 de prairie, et 28 h. de prairie valent 62^h,05 de bois. Quel est le prix d'un hectare de bois,

quand l'hectare de vigne vaut 5300 fr. ? (*Éc. norm., Perpignan.*)

27. On veut construire un mur qui aura 25 mètres de long, $0^m,40$ d'épaisseur et $3^m,50$ de haut avec des briques de $0^m,45$ de long, $0^m,12$ de large et $0^m,035$ d'épaisseur. Le mortier occupe les $\dfrac{6}{100}$ du volume total; on demande le prix des briques nécessaires pour cette construction, sachant que le mille vaut 25 fr. ? (*Cert. d'ét., Côtes-du-Nord.*)

28. Un hectol. de blé pèse en moyenne 75 kil. et produit environ les $\dfrac{4}{5}$ de son poids de farine. On sait, de plus, que 1 kil. de farine donne $1^k,25$ de pain. On demande quelle quantité de pain donnent $3^l,05$ de blé ? (*Cert. d'ét., Hérault.*)

29. Une personne mange 750 gr. de pain par jour. Quelle étendue de terrain faudra-t-il pour produire le blé que cette personne consomme dans une année commune, sachant que 112 kil. de blé donnent 92 kil. de farine, que 5 kil. de farine donnent $6^k,500$ de pain, et que l'on récolte $7^k,250$ de blé sur 40 mètres carrés de terrain? (*Brevet simple, Agen.*)

30. Un cultivateur a ensemencé en froment un champ de 4 hect. 8 ares 6 cent. Chaque hectare produit 2275 gerbes; il faut 1175 gerbes pour obtenir 140 décal. de grain, et 580 gerbes pour obtenir 3 quintaux métriques de paille. Quelle sera la valeur de la récolte, sachant que le blé est vendu à raison de $2^f,25$ le décal. et la paille $4^f,25$ le quintal ? (*Brevet simple, Bourg.*)

CHAPITRE XI

Application des règles de trois simples.

187. Dans plusieurs questions particulières, on est amené à considérer, en dehors d'une quantité déterminée, les résultats que l'on obtient en prenant un certain nombre de fois le centième de cette quantité, ou, suivant l'expression consacrée, un *tant pour cent* de cette quantité. Par exemple, les commissionnaires, dans le commerce, prélèvent, pour leurs droits de commission, un certain

nombre de fois le centième du montant de l'opération qu'ils ont faite.

Dans les expéditions de commerce on déduit souvent du poids déclaré, pour tenir compte des avaries possibles et de la matière qui forme l'emballage, une portion que l'on appelle la *tare*, et qui est évaluée en centièmes du poids.

Enfin lorsque l'on achète une marchandise à un certain prix et qu'on la revend à un autre prix donné, on fait un bénéfice ou une perte; on cherche alors fréquemment à combien de centièmes du prix d'achat s'élève ce bénéfice ou cette perte.

Toutes ces questions se résolvent évidemment par une règle de trois, puisque l'on doit prendre un certain nombre de fois le centième d'une quantité considérée, et que par suite l'inconnue est proportionnelle à la quantité donnée.

On a donné au genre de questions qui précèdent un nom particulier, par suite de l'importance qu'elles présentent dans la pratique ; on dit que ces questions se résolvent par la *règle générale de percentage* ou du *tant pour cent*. Nous allons examiner successivement les diverses questions que nous avons énoncées précédemment, et voir comment dans chaque cas on doit les traiter, en donnant un exemple de chaque question.

PRIMES DE COMMERCE.

188. **PROBLÈME.** *On achète des marchandises pour la somme de 8550 fr., et on paie au commissionnaire un droit de 1 ¹/₂ p. 100, pour frais de commission. Quel est le prix de revient des marchandises ?*

On peut, pour résoudre cette question, ou bien calculer séparément les droits de commission, que l'on ajoutera au prix d'achat, pour avoir le prix de revient, ou bien chercher directement le prix de revient en calculant d'abord ce que devient un achat de 100 fr. quand on y ajoute les droits de commission. Nous allons traiter les deux méthodes, en faisant remarquer seulement que, dans la pratique, on emploie presque exclusivement la première, qui se fait très facilement.

Pour la première méthode, la règle de trois qui permet de faire le calcul est la suivante :

Les droits de commission sur 100 fr. sont de 1^f,50.

Quels sont les droits de commission pour 8550 fr.

Il est évident que les droits de commission sont proportionnels au montant de l'achat. Donc, on dira :

Si la somme est de 100 fr., les droits sont de 1^f,50.

$$1 \qquad \frac{1,50}{100}$$
$$8550 \qquad \frac{1,50 \times 8550}{100}$$

En effectuant le calcul, on trouve 128^f,25. Donc, d'après ce que nous avons dit, le prix total sera

$$8550 + 128,25 = 8678^f,25.$$

Si l'on emploie la seconde méthode, on aura la règle de trois directe suivante :

Si le prix d'achat est 100 fr., le prix de revient est 101,50.

Le prix d'achat étant 8550, quel sera le prix de revient ? En résolvant cette règle de trois, nous dirons :

Le prix d'achat étant 100, le prix de revient est 101,50.

$$1 \qquad \frac{101,50}{100}$$
$$8550 \qquad \frac{101,50 \times 8550}{100}$$

En faisant le calcul, on retrouve, comme précédemment, 8678,25.

Lorsque le commissionnaire est chargé de faire une vente au lieu d'un achat, il retient ses droits de commission sur la somme qu'il doit payer, et, par la première méthode, il calcule les droits de commission, qu'il retranche au lieu de les ajouter.

189. Disons immédiatement que, dans la pratique, on emploie des procédés rapides pour faire ces calculs. Rien

n'est plus simple que de prendre le centième d'une somme et comme, en général, les droits de commission sont ou bien un nombre de centièmes assez petit, tels que 1, 2, 3 ; ou bien une fraction simple de centième, comme $\frac{1}{2}$ p. 100, $\frac{3}{4}$ p. 100, etc., on calcule d'abord le centième ; puis la fraction demandée s'obtient facilement. Ainsi, dans l'exemple précédent, on prendra d'abord le centième de 8550, ce qui donnera 85,50 ; on y ajoutera la moitié de ce nombre, ou 42,75, et on aura les droits de commission par une simple addition.

190. **Problème.** *On achète pour 8550 fr. de marchandises; on paie, avec les droits de commission, 8678,25. Quel est le taux du droit de commission?*

Nous allons commencer par chercher le montant des droits de commission, en retranchant du prix de revient le prix d'achat des marchandises. Nous trouvons ainsi 128^f,25.

Alors, pour résoudre la question, nous posons la règle de trois suivante :

Pour 8550 fr., les droits de commission sont de 128,25.

Pour 100 fr., quel sera leur montant?

La règle de trois est directe, car les droits de commission sont proportionnels au prix d'achat. On dira donc :

Pour 8550 les droits s'élèvent à 128,25.

$$
\begin{array}{ll}
1 & \dfrac{128,25}{8550} \\[2em]
100 & \dfrac{128,25 \times 100}{8550}
\end{array}
$$

En effectuant les calculs, on trouve 1,5. Donc les droits de commission sont de 1,5 p. 100.

191. **Problème.** *Un commissionnaire qui fait payer 1,5 p. 100 de droit de commission retient, sur une vente, 128^f,25; quel est le montant brut de la vente?*

La règle de trois qui résout la question s'énonce de la manière suivante :

Le commissionnaire retient 1,5 lorsque la somme est de 100 fr.

S'il retient 128,25, quel est le montant de la vente?

La règle de trois est directe, et on dit :

Si la retenue est de 1,5, la somme est de 100

$$\frac{100}{1,5}$$

$$128,25 \qquad \frac{100 \times 128,25}{1,5}$$

On trouve 8850

PROFITS ET PERTES.

192. **PROBLÈME.** *Un négociant achète pour 2425 fr. de marchandises; il veut les revendre de façon à faire un bénéfice de 12 p. 100. Combien doit-il les revendre, et quel sera son bénéfice?*

On peut supposer que le bénéfice se fait sur le prix d'achat ou sur le prix de vente. Dans le premier cas, lorsque le négociant a acheté une marchandise 100 fr., il doit la revendre 112 fr.; dans le second, lorsqu'il vend un objet 100 fr., il doit l'avoir acheté (100 — 12) ou 88 fr. On est donc amené à résoudre l'une des règles de trois suivantes :

Un négociant revend 112 fr. ce qu'il a acheté 100 fr.; combien revendra-t-il ce qu'il a acheté 2425 fr., et quel sera son bénéfice?

Ou bien : Combien un négociant doit-il revendre ce qu'il a acheté 2425 fr., s'il vend 100 fr. ce qu'il a acheté 88 fr., et quel sera son bénéfice?

Résolvons ces deux règles. On a :

POUR LA PREMIÈRE

100ᶠ donnent à la vente 112ᶠ

$$1 \qquad \frac{112}{100}$$

$$2425 \qquad \frac{112 \times 2425}{100}$$

On trouve. 2716

Bénéfice 291

POUR LA SECONDE

88ᶠ donnent à la vente 100ᶠ

$$1 \quad - \quad \frac{100}{88}$$

$$2425 \quad - \quad \frac{100 \times 2425}{88}$$

On trouve............ 2755,68
Bénéfice 330,68

193. PROBLÈME. *Un négociant a gagné 500 fr. à raison de 15 p. 100 sur des marchandises : combien les a-t-il achetées et combien les revend-il?*

La question se résout par une des règles de trois suivantes:

1° Le bénéfice est fait sur le prix d'achat : Quand le marchand gagne 15 fr., il a acheté ses marchandises 100 fr. et les revend 115; quand il gagne 500 fr., combien achète-t-il ses marchandises, et à quel prix les revend-il?

2° Le bénéfice est fait sur le prix de vente. Quand le marchand gagne 15 fr., il a acheté ses marchandises 85 fr. et les revend 100 fr. Quand il gagne 500 fr., combien a-t-il acheté ses marchandises, et à quel prix les revend-il?

PREMIÈRE RÈGLE

15ᶠ de bénéfice proviennent de 100ᶠ d'achat.

$$1 \quad \frac{100}{15}$$

$$500 \quad \frac{500 \times 100}{15}$$

On trouve 3333,33
Prix de vente 3833,33

DEUXIEME RÈGLE

15ᶠ de bénéfice proviennent de 85ᶠ d'achat.

$$1 \quad \frac{85}{15}$$

$$500 \quad \frac{85 \times 500}{15}$$

On trouve 2833,33
Prix de vente....... 3333,33

194. PROBLÈME. *Quel est le bénéfice sur la vente, quand le bénéfice sur l'achat est de 25 p. 100?*

7.

Pour résoudre cette question, il suffit de remarquer que la marchandise achetée 100 fr. se vend 125 fr. Il faut donc chercher quelle est la valeur de la marchandise que l'on revend 100 fr. On dira :

On vend 125ᶠ ce qui coûte 100ᶠ

$$1 \qquad \frac{100}{125}$$

$$100 \qquad \frac{100 \times 100}{125}$$

On trouve pour la valeur 80 fr. Donc le bénéfice est 100 — 80 ou 20 ; donc, sur la vente on gagne 20 par 100 fr. ou 20 p. 100.

195. On traiterait de la même manière les questions relatives à la *tare ;* on peut demander de calculer la tare sur le poids total, ou *poids brut*, ou sur le poids réel, ou *poids net*, comme on a calculé les profits et pertes sur le prix de vente ou sur le prix d'achat. Un seul exemple suffira pour montrer comment on opère.

196. Problème. *On achète une caisse de sucre dont le poids brut est de 240 kil. On déduit 6 p. 100 pour la tare ; quel est le poids net ?*

On admettra que le poids brut étant 100, le poids net est 94, ou bien que le poids brut étant 106, le poids net est 100. On a les deux règles de trois directes suivantes :

PREMIÈRE RÈGLE

Le poids brut étant 100, le poids net est 94.

$$1 \qquad \frac{94}{100}$$

$$240 \qquad \frac{94 \times 240}{100}$$

On trouve : poids net   225,60.

DEUXIÈME RÈGLE

Le poids brut étant 106, le poids net est 100.

$$1 \qquad \frac{100}{106}$$

$$240 \qquad \frac{100 \times 240}{106}$$

On trouve : poids net   226,41.

RENTES.

197. Lorsque l'État fait un emprunt, il ne s'engage pas à rembourser le capital de cet emprunt, mais il s'oblige à payer chaque année aux prêteurs une certaine somme que l'on appelle la *rente* de l'emprunt. Le *taux* de la rente est l'intérêt nominal répondant à un capital de 100 fr. ; mais la rente étant négociable, a une valeur essentiellement variable que l'on appelle son *cours;* les certificats constatant l'obligation pour l'État de payer une certaine somme, ou les *titres de rentes*, ne portent que la somme annuelle due par le trésor public, sans porter aucune indication relative au capital nécessaire pour acquérir ce titre. Les titres de rentes se négocient sur un marché spécial, appelé *la Bourse*, par l'intermédiaire des *ayents de change*. Ces derniers prélèvent une commission de $0^f,125$ pour 100 fr. de capital sur chaque vente ou sur chaque achat de vente; cette commission s'appelle le *courtage*. On la calcule comme nous avons vu précédemment pour les droits de commission.

Toutes les questions que l'on peut se proposer sur les rentes se ramènent à des règles de trois simples. Nous allons résoudre les questions principales de cette nature.

198. PROBLÈME. *Quel est le prix de 2540 fr. de rente 5 p. 100 au cours de* $116^f,90$?

La règle de trois qui résout cette question est la suivante :

5 fr. de rente coûtent $116^f,90$. Combien coûteront 2540 fr. de rente?

On a facilement le résultat par la règle suivante :

$$5^f \text{ coûtent } 116,90$$

$$1 \qquad \frac{116,90}{5}$$

$$2540 \qquad \frac{116,90 \times 2540}{5}$$

On trouve 59385,20.

Si l'on veut savoir ce que l'on doit dépenser, on ajoutera à cette somme le droit de courtage, que l'on calcule rapidement de la manière suivante : on divise d'abord par 100, puis par 8; on trouvera pour le droit de courtage 74,23. Alors, si l'on achète les rentes, on devra payer à l'agent de change 59385,20 + 74, 23 ; au contraire, si l'on a vendu cette somme de rentes, on touchera seulement 59385,20 — 74,23.

199. **Problème.** *Combien peut-on acheter de rente 5 p. 100 avec 60.000 fr. de capital, si le cours de la rente est 116,75?*

La règle de trois qui résout cette question est la suivante :

116,75 de capital fournissent 5 fr. de rente. Combien 6,000 fr. en fourniront-ils?

On aura facilement le résultat de la manière suivante :

$$116^f,75 \text{ fournissent } 5$$

$$1 \qquad \frac{5}{116,75}$$

$$60000 \qquad \frac{5 \times 60000}{116,75}$$

On trouve comme partie entière 2570 fr.; comme les titres de rentes ne peuvent porter qu'un nombre entier de francs, on s'arrête, et on trouve qu'il reste 2^f,50.

Si l'on avait voulu payer le droit de courtage en même temps, il aurait fallu ajouter au cours du jour le courtage correspondant, ce qui aurait donné le *cours effectif* d'achat. Au contraire, si l'on voulait chercher par exemple *combien on doit vendre de rentes 5 p. 100 au cours de 116,75 pour se faire un capital net de 6,000 fr.*, il aurait fallu, pour avoir le cours effectif de vente, retrancher le courtage du cours indiqué, et on aurait continué comme précédemment.

200. **Problème.** *A quel taux place-t-on son argent lorsque l'on achète du 3 p. 100 au cours de 81^f,30?*

La règle de trois qui résout cette question est la suivante :
81^f,30 rapportent 3 fr.; combien 100 fr. rapporteront-ils?

Le résultat s'obtient de la manière suivante :

$$81,30 \text{ rapportent } 3$$

$$1 \qquad \frac{3}{81,30}$$

$$100 \qquad \frac{3 \times 100}{81,30}$$

On trouve 3,69.

201. PROBLÈME. *Je possède 450 fr. de rente 5 p. 100. Les cours viennent à monter de 0ʳ,20; quelle est l'augmentation qui en résulte pour mon capital?*

La règle de trois qui résout la question est la suivante :

Pour 5 fr. de rente, mon capital augmente de 0ʳ,20; de combien augmente mon capital si j'ai 450 fr. de rente?

On a la réponse comme il suit :

5 fr. de rente donnent une augmentation de 0,20.

$$1 \qquad \frac{0,20}{5}$$

$$450 \qquad \frac{0,20 \times 450}{5}$$

On trouve 18 fr.

202. PROBLÈME. *Lequel est le plus avantageux d'acheter du 3 p. 100 à 81,85 ou du 5 p. 100 à 116,90? Quelle différence dans le revenu en résultera-t-il pour quelqu'un qui veut placer 12,000 fr. de capital?*

Cette question est l'une des plus importantes que l'on puisse se poser sur les opérations de bourse. Elle constitue ce que l'on appelle un *arbitrage*. Pour la résoudre, on cherche quel revenu donnera une somme quelconque placée successivement des deux manières. Dans la pratique, nous chercherons quel revenu donnerait, dans l'un des placements, une somme égale à l'autre cours. Ainsi, ici, nous serons amenés à la règle de trois suivante :

81,85 donnent 3 fr. de rente; combien en donneraient 116ʳ,90.

On trouve le résultat comme il suit :

81,85 donnent 3.

$$1 \qquad \frac{3}{81,85}$$

$$116,90 \qquad \frac{3 \times 116,90}{81,85}$$

On trouve, à un dix-millième près, 4,2846. Donc, 116,90 placés en 3 p. 100 rapportent moins que placés en 5 p. 100.

Si l'on veut savoir seulement la différence de revenu

qui en résulte, on résoudra la règle de trois suivante que nous ne faisons qu'indiquer :

116,90 donnent une différence, dans le revenu, de 0,7154; quelle sera la différence pour un capital de 12,000 fr. ?

Souvent, on cherche directement les revenus que pourra donner le capital disponible dans les deux placements; on en déduit donc la différence facilement.

203. **PROBLÈME.** *Je possède 2550 fr. de rente 3 p. 100. Je reconnais que le cours du 5 p. 100 est plus avantageux, et je vends le 3 p. 100 au cours de 81,85 pour acheter du 5 p. 100 à 116,90. Quel sera le montant de mon revenu?*

Pour résoudre cette question, j'ai à traiter deux règles de trois consécutives :

1° 3 fr. de rente me donnent un capital de 81,85; combien 2,550 fr. me donneront-ils de capital?

On a :

$$3^f \text{ donnent un capital de } 81^f,85.$$

$$1 \qquad \dfrac{81,85}{3}$$

$$2550 \qquad \dfrac{81,85 \times 2550}{3}$$

2° 116^f,90 de capital donnent 5 fr. de rente; combien en donnera le capital trouvé précédemment?

On dira :

$$116,90 \text{ donnent } 5^f \text{ de rente.}$$

$$1 \qquad \dfrac{5}{116,90}$$

$$\dfrac{81,85 \times 2550}{3} \qquad \dfrac{5 \times 81,85 \times 2550}{3 \times 116,90}$$

On trouve 2971 fr. Donc, par cette opération, qui est une conséquence de la précédente, j'augmente beaucoup mon revenu.

Ce dernier problème pourrait rentrer dans les questions de règle de trois composée, car il est formé, comme le sont les questions de cette nature, de la succession de plusieurs règles de trois.

Exercices.

31. Un marchand a acheté 157 quintaux de blé à 31^f,5o le quintal ; il a soumis le blé à une épuration qui lui a fait perdre les $\frac{2}{19}$ de son poids. En le revendant, il gagne 7 p. 100. On demande à quel prix il a revendu le quintal de blé épuré (*Cert. d'études primaires, Meuse.*)

32. Une terre en labour rapporte, année moyenne, 419 fr. net. Une prairie de même étendue produit 13464 kil. de foin et un regain évalué au quart de la récolte de foin. Les frais s'élèvent à 160^f,36. A combien doit-on vendre le quintal de fourrage, pour que le revenu de la prairie soit supérieur de 8 p. 100 à celui de la terre? (*Brevet supérieur, Basses-Alpes.*)

33. 1 kilogr. de sucre vaut 1^f,5o, et 1 kilogr. de café vaut 3^f,75. On a acheté une égale quantité de sucre et de café pour la somme de 1029 fr., et on a revendu le café avec un bénéfice de 10 p. 100 du prix d'achat, et le sucre avec un bénéfice de 5 p. 100. Combien a-t-on gagné dans cette opération? (*Cert. d'ét. prim., Seine-et-Oise.*)

34. On achète un tas de bois de 45st,8 à raison de 124 fr. le décastère. On le revend au poids avec un bénéfice égal à 10 p. 100 du prix d'achat. Combien revend-on les 100 kilogr., sachant qu'un décistère de ce bois pèse 8o kilogr.? (*Concours départemental, Seine-et-Oise.*)

35. Un marchand vend une pièce de toile en trois fois; le premier coupon est le $\frac{2}{7}$ de la pièce, le second est les $\frac{3}{4}$ du reste, et le troisième, qui a une longueur de 8 m., est vendu 22 fr. Il fait dans chacune de ces ventes un bénéfice de 10 p. 100. On demande : la longueur de la pièce, le prix de vente total, le prix d'achat (*Brevet simple, Amiens.*)

36. Une personne veut acheter de la rente 5 p. 100. A quel cours doit-elle faire cet achat pour que son capital lui rapporte 5,5o p. 100. Quel capital devra-t-elle placer pour avoir 2550 fr. de revenu? (*Cert. d'ét. prim., Seine.*)

37. Pour faire une robe, on achète 8^m,5o d'une étoffe qui a o^m,70 de largeur ; on désire doubler entièrement cette robe avec une étoffe qui a o^m,8o de largeur. La première étoffe coûte 6^f,25 le mètre, et la seconde o^f,9o. On demande combien il faut acheter de mètres de doublure? Quel est le prix net des deux

étoffes, si l'on obtient en payant comptant un escompte de 2,5 p. 100? (*Cert. d'ét. prim., Belfort.*)

38. Une mercière achète 9 pièces de ruban, à raison de 2ʳ,50 le mètre. En les revendant 404ʳ,55, elle gagne 27ʳ,90. On demande : 1° Combien chaque pièce contenait de mètres ; 2° Combien la mercière a gagné pour cent? (*Cert. d'ét., Seine.*)

39. Le trèfle perd par sa fenaison 66 p. 100 de son poids ; il subit en outre dans les greniers une perte de 12 p. 100. Une prairie mesure 23 ares. On demande combien elle fournira de foin à la consommation, sachant qu'en moyenne on peut compter sur un rendement de 12300 k. par hectare? (*Ec. norm., Clermont-Ferrand.*)

40. Une personne achète 15ᵐ,20 de drap, et les cède ensuite pour 302ʳ,10; elle gagne à son marché 6 p. 100 du prix d'achat. Combien le mètre de drap lui avait-il coûté? (*Brevet simple, Lyon.*)

41. Une personne vend 6000 fr. l'hectare une propriété dont elle place le prix à 4ʳ,50 p. 100. Calculer la superficie de cette propriété, sachant que l'intérêt annuel produit par ce placement s'élève à 123ʳ,50 ? (*Cert. d'ét. prim., Marne.*)

42. Un marchand achète 2685 kilogr. d'huile, à raison de 180ʳ,75 le quintal ; il veut gagner 15 p. 100 sur son acquisition ; combien doit-il faire payer les 500 gr. d'huile, et quel bénéfice total fera-t-il sur sa vente, en admettant que le détail occasionne une perte de 6 kilogr.? (*Aspirants, Poitiers.*)

43. Une vigne de la contenance de 34 hectares et demi a été payée 1ʳ,50 le mètre carré ; elle a produit 45 hectolitres de vin, vendu à raison de 4ʳ,50 le décalitre ; les frais de culture de la vigne se sont élevés à 375 fr. ; calculer à combien pour cent on a placé son argent? (*Cert. d'ét. prim., Haute-Vienne.*)

44. Une personne qui envoie une certaine somme par la poste verse en tout 158ʳ,35. On sait que la poste perçoit un droit de 2 p. 100 sur le montant de la somme envoyée, plus 0ʳ,25 pour timbre du mandat quand la somme excède 10 fr. Dire la somme qui a été envoyée? (*Conc. cant., Seine.*)

45. Un champ de 94 ares 75 cent., a donné un produit net de 1ʳ,24 par are ; ce champ ayant coûté 1508ʳ,67, quel produit pour cent en a-t-on retiré? (*Cert. d'ét., Haute-Saône.*)

46. Une personne achète pour la somme de 1950 fr. un pré qu'elle loue 120 fr. par an; les contributions sont de 11ʳ,75. Quel est le revenu net pour cent du capital? (*Brevet complet, Vienne.*)

47. La fortune d'une personne est partagée en deux parties

égales ; la première partie, placée à 5 p. 100, rapporte annuellement 60 fr. de plus que la seconde partie, placée à 4,5 p. 100 ; quelle est la fortune de cette personne ? (*Brevet simple, Allier.*)

48. On a acheté une pièce de toile de 80 mètres à 1^f,25 le mètre, on en a revendu la moitié à 1^f,75 ; le quart à 1^f,80 et le reste à 1^f,90. Combien a-t-on gagné sur le tout, et combien pour cent du prix d'achat ? (*Cert. d'ét. prim., Ardennes.*)

49. Un marchand a acheté 31 mètres de drap à 18^f,75 le mètre ; il en a vendu 14 mètres en gagnant 11 p. 100 sur le prix d'achat, et, en vendant le reste, il gagne 29 fr. Combien a-t-il gagné sur le tout ? (*Brevet supérieur, Algérie.*)

50. Une personne veut toucher tous les trois mois 250 fr. de rente. Combien doit-elle placer en 3 p. 100 au cours de 59^f,60 ? (*Cert. d'ét., Ardennes.*)

51. La rente 3 p. 100 est au cours de 59^f,40, et le 5 p. 100 au cours de 93^f,75 ; quel est le meilleur placement ? Au cours le plus avantageux, quelle somme devrait débourser une personne qui voudrait se faire un revenu annuel de 1800 fr. ? (*Cert. d'ét., Ardennes.*)

52. Un commerçant achète de l'huile à raison de 151^f,35 les 100 kil. ; il donne 10 p. 100 au courtier, et se réserve de gagner 8 p. 100. Combien doit-il vendre 1 kil. de cette huile ? (*Brevet simple, Aix.*)

53. Une personne achète du calicot pour faire 4 douzaines de chemises ; on sait que, pour chaque chemise, il faut 3^m,15 de calicot et 2 fr. de façon. Dire quelle sera la dépense faite si l'on achète le calicot 1^f,35 le mètre, et que l'on obtienne, en payant comptant, un escompte de 3 et demi p. 100 ? (*Poitiers.*)

54. Un œuf contient en moyenne 38 gr. de blanc, et le blanc renferme environ 12 p. 100 d'albumine. Combien faudra-t-il d'œufs pour obtenir 100 kil. d'albumine, en supposant qu'on perde les $\frac{6}{100}$ dans l'opération ? (*Paris.*)

55. Le café vert vaut 3^f,60 le kil. ; brûlé, il perd $\frac{1}{5}$ de son poids. Quel doit être le prix du kil. de café brûlé pour que, en le vendant, le marchand réalise un bénéfice de 20 p. 100 sur le prix d'achat ? (*Rouen.*)

56. Une personne achète du 4 et demi p. 100 au cours de 97^f,50, pour la somme de 25000 fr. ; forcée de retirer son capital, elle vend sa rente lorsque le cours est à 93^f,10. Quelle est sa perte ? (*Brevet sup., Paris.*)

57. Un rentier touche tous les trois mois 147 fr. de rente 3

p. 100. Quel est le capital qu'il a placé, s'il a acheté sa rente au cours de 69ᶠ,80 ? (*Brevet sup., Amiens.*)

58. A quel taux place-t-on son argent quand on achète du 4,5 p. 100 au cours de 98ᶠ,50 ? (*Brevet sup., Paris.*)

59. La betterave donne en sucre 7 p. 100 environ de son poids ; un mètre carré de terrain produit approximativement 3ᵏ,115 de betteraves, et 1000 kil. de betteraves valent 16ᶠ,50. Quelle superficie faut-il ensemencer pour fournir des betteraves à une fabrique qui doit produire annuellement 87500 kil. de sucre ; quelle est la valeur totale de la betterave récoltée ? (*Instituteurs, Lille.*)

60. En moyenne, 100 parties de lait donnent 15 parties de crème, et la crème donne 21 p. 100 de beurre. Combien faudrat-il de litres de lait pour obtenir 540 kil. de beurre en admettant que 1 litre de lait pèse 1030 gr. ? (*Instituteurs, Calvados.*)

CHAPITRE XII

Applications des règles de trois composées.

INTÉRÊTS SIMPLES.

204. Lorsque l'on emprunte de l'argent, on convient de payer au prêteur, outre la somme empruntée, un tant pour cent de cette somme chaque année, pendant toute la durée du prêt. La somme empruntée s'appelle le *capital,* ou le *principal ;* le tant pour cent fixé est le *taux ;* la somme que l'on paye ainsi en sus du capital constitue ce que l'on appelle l'*intérêt.*

D'après la définition même, on voit que l'intérêt est proportionnel au capital, au taux, et enfin au temps. Les questions que l'on peut se poser sur l'intérêt se résolvent donc par une règle de trois composée. Nous allons, par des exemples, montrer que, étant connues trois des quatre quantités qui entrent dans une question d'intérêt, savoir, le *capital,* le *taux,* le *temps* et l'*intérêt,* on peut toujours trouver la quatrième.

205. Avant de traiter les différents cas qui peuvent se présenter, nous devons indiquer quels sont les usages adoptés, ou imposés par la loi, dans les questions d'intérêt.

Le *taux* ne peut pas s'élever au delà de 6 p. 100. Tout intérêt prélevé d'après un taux supérieur à ce chiffre est qualifié d'*usure* par la loi. Les taux ordinairement employés sont les taux suivants :

$$3\,\%, \quad 4\,\%, \quad 4\,{}^{1}\!/_{2}\,\%, \quad 5\,\% \quad \text{et} \quad 6\,\%.$$

Le *temps* a pour unité l'*année*. L'année financière est comptée comme composée de 12 mois, de 30 jours chacun ; il en résulte que l'année financière est composée de 360 jours.

Dans les questions d'intérêt, on ne divise pas le temps en unités inférieures au jour.

CALCUL DE L'INTÉRÊT.

206. PROBLÈME. *Quel est l'intérêt rapporté par une somme de 5250 fr. placée à 5 p. 100 pendant 3 ans ?*

La règle de trois qui résout cette question est la suivante :

100 fr., placés pendant un an, rapportent 5 fr. ; combien rapportent 5250 fr. pendant 3 ans ?

C'est une règle de trois composée ; nous allons la résoudre facilement comme il suit :

$$100^{f} \text{ en } 1 \text{ an rapportent } 5^{f}$$

$$1 \qquad 1 \qquad — \qquad \frac{5}{100}$$

$$5250 \qquad 1 \qquad — \qquad \frac{5 \times 5250}{100}$$

$$5250 \qquad 3 \qquad — \qquad \frac{5 \times 5250 \times 3}{100}$$

En faisant les calculs, on trouve 787,50.

On peut énoncer la règle à suivre, que l'on pourrait justifier par d'autres exemples, de la manière suivante :
Pour trouver l'intérêt pendant un certain nombre d'années,

*on multiplie le capital par le taux et par le nombre d'années,
et on divise par* 100.

207. PROBLÈME. *Quel est l'intérêt rapporté par une somme
de* 12450 *fr. placée à* 4 $\frac{1}{2}$ *p.* 100 *par an pendant* 7 *mois?*

La règle de trois qui résout la question est la suivante :

100 fr. placés pendant 12 mois rapportent 4 fr.50. Combien rapporteront 12450 fr. pendant 7 mois?

On la résout comme il suit :

$$100^f \text{ en } 12 \text{ mois rapportent } 4^f,50$$

$$1 \qquad 12 \qquad — \qquad \frac{4,50}{100}$$

$$12450 \qquad 12 \qquad — \qquad \frac{4.50 \times 12450}{100}$$

$$12450 \qquad 1 \qquad — \qquad \frac{4.50 \times 12450}{100 \times 12}$$

$$12450 \qquad 7 \qquad — \qquad \frac{4.50 \times 12450 \times 7}{100 \times 12}$$

On trouve, en faisant les calculs, 326,81.

La règle est la suivante : *Pour trouver l'intérêt pendant
un certain nombre de mois, on multiplie le capital par le
taux et par le nombre de mois, et on divise par* 1200.

208. PROBLÈME. *Quel est l'intérêt d'une somme de* 155000 *fr.
placée à* 3 *p.* 100 *pendant* 27 *jours?*

La règle de trois qui résout la question est la suivante :

100 fr. placés pendant 360 jours rapportent 3 fr.;
quel est l'intérêt de 155000 fr. pendant 27 jours?

On la résout comme il suit :

$$100^f \text{ en } 360 \text{ jours rapportent } 3$$

$$1 \qquad 360 \qquad — \qquad \frac{3}{100}$$

$$155000 \qquad 360 \qquad — \qquad \frac{3 \times 155000}{100}$$

$$155000 \qquad 1 \qquad — \qquad \frac{3 \times 155000}{100 \times 360}$$

$$155000 \qquad 27 \qquad — \qquad \frac{3 \times 155000 \times 27}{100 \times 360}.$$

On trouve 348,75.

La règle est la suivante : *Pour trouver l'intérêt pendant un certain nombre de jours, on multiplie le capital par le taux et par le nombre de jours, et on divise par 36000.*

209. REMARQUE. L'unité de temps étant l'année, d'après ce que nous avons dit précédemment sur la manière de diviser cette unité, si le temps est exprimé en mois, on peut le considérer comme donné par une fraction d'année ayant pour numérateur le nombre de mois, et pour dénominateur 12 ; de même, si le temps est exprimé en jours, on peut le considérer comme une fraction d'année ayant pour numérateur le nombre de jours, et pour dénominateur le nombre 360 ; et l'on arrive à la règle générale suivante :

Pour trouver l'intérêt, on multiplie le capital par le taux, puis par le temps exprimé en années, et s'il y a lieu, en fraction d'année, et on divise le résultat par 100.

CALCUL DU CAPITAL.

210. PROBLÈME. *Quel est le capital qui, placé pendant 3 ans à 5 p. 100, rapporte 787,50.*

La règle de trois qui résout la question est la suivante :

Pour avoir 5 fr. en 1 an, il faut placer 100 fr. Combien faut-il placer pendant 3 ans pour avoir 787,50 d'intérêt ?

On la résout comme il suit :

5ᶠ pour 1 an demandent 100ᶠ de capital

$$
\begin{array}{lll}
1 \quad 1 & - & \dfrac{100}{5} \\[2ex]
787,50 \quad 1 & - & \dfrac{100 \times 787,50}{5} \\[2ex]
787,50 \quad 3 & - & \dfrac{100 \times 787,50}{5 \times 3}.
\end{array}
$$

Car il est bien évident que, pour le même intérêt, le capital est inversement proportionnel au temps.

On trouve 5250.

211. PROBLÈME. *Quel est le capital qui, placé à 4 ¹/₂ par an pendant 7 mois, a rapporté 326,80 d'intérêt ?*

La règle de trois qui résout la question est la suivante :

Pour avoir 4,50 en 12 mois, il faut 100; combien faudra-t-il placer pour avoir 326,80 en 7 mois ?

On la résout de la manière suivante :

4,50 en 12 mois demandent un capital de 100^f

1	12	—	$\dfrac{100}{4,50}$
326,80	12	—	$\dfrac{100 \times 326,80}{4,50}$
326,80	1	—	$\dfrac{100 \times 326,80 \times 12}{4,50}$
326,80	7	—	$\dfrac{100 \times 326,80 \times 12}{4,50 \times 7}$

On trouve 12449,55.

212. **Problème.** *Quel est le capital qui, placé à 3 p. 100 pendant 27 jours, a donné 348,75 d'intérêt?*

La règle de trois qui résout la question est la suivante :

Pour avoir 3 fr. d'intérêt en 360 jours, il faut un capital de 100 fr.; quel capital faudra-t-il pour avoir 348,75 en 27 jours ?

On la résout comme il suit :

Pour 3^f en 360 jours, il faut 100

1	360	—	$\dfrac{100}{3}$
348,75	360	—	$\dfrac{100 \times 348,75}{3}$
348,75	1	—	$\dfrac{100 \times 348,75 \times 360}{3}$
348,75	27	—	$\dfrac{100 \times 348,75 \times 360}{3 \times 27}$

On trouve 155000 fr.

213. **Remarque.** — Les deux derniers résultats peuvent s'écrire sous la forme suivante :

$$\dfrac{100 \times 326,80}{4,50 \times \dfrac{7}{12}}, \qquad \dfrac{100 \times 348,75}{3 \times \dfrac{27}{360}}.$$

On retrouve en dénominateur des fractions qui expriment le temps en année ; on arrive ainsi à la règle générale suivante : *Pour trouver le capital, on multiplie l'intérêt par 100, et on divise par le produit du taux par le temps exprimé en année.*

CALCUL DU TAUX.

214. PROBLÈME. *Une personne, ayant emprunté 5250 fr. pour 3 ans, a payé 787,50 d'intérêt. A quel taux était fait l'emprunt ?*

La règle de trois qui résout cette question est la suivante :
5250 fr. en 3 ans ont rapporté 787,50 ; combien 100 fr. auraient-ils rapporté en un an ?

On la résout comme il suit :

$$5250^f \text{ en 3 ans rapportent } 787,50$$

$$1 \qquad 3 \qquad - \qquad \frac{787,50}{5250}$$

$$100 \qquad 3 \qquad - \qquad \frac{787,50 \times 100}{5250}$$

$$100 \qquad 1 \qquad - \qquad \frac{787,50 \times 100}{5250 \times 3}$$

En effectuant les calculs, on trouve 5. Le taux est donc 5 p. 100.

215. PROBLÈME. *A quel taux place-t-on son argent, si 12450 fr. en 7 mois rapportent 326,80 ?*

La règle de trois qui résout cette question est la suivante :
12450 fr. rapportent 326,80 en 7 mois ; combien 100 fr. rapporteront-ils en 12 mois ?

Pour la résoudre on dira :

$$12450^f \text{ en 7 mois rapportent } 326,80$$

$$1 \qquad 7 \qquad - \qquad \frac{326,80}{12450}$$

$$100 \qquad 7 \qquad - \qquad \frac{326,80 \times 100}{12450}$$

$$100 \qquad 1 \qquad - \qquad \frac{326,80 \times 100}{12450 \times 7}$$

$$100 \qquad 12 \qquad - \qquad \frac{326,80 \times 100 \times 12}{12450 \times 7}.$$

En effectuant les calculs, on trouve, en forçant très peu, 4,5. Le taux est donc de $4\ ^1/_2$ p. 100.

216. **Problème.** *Un banquier paie à un client qui a déposé des titres chez lui un intérêt de* 348,75 *pour une somme de* 155000 *fr. déposée pendant* 27 *jours. Quel est le taux de l'intérêt payé par le banquier ?*

La règle de trois qui résout la question est la suivante :

155000 fr. placés pendant 27 jours rapportent 348,75 ; combien 100 fr. rapporteront-ils en 360 jours ?

On la résout comme il suit :

155000^f en 27 jours rapportent 348,75

$$
\begin{array}{ccc}
1 & 27 & \dfrac{348,75}{155000} \\[2em]
100 & 27 & \dfrac{348,75 \times 100}{155000} \\[2em]
100 & 1 & \dfrac{348,75 \times 100}{155000 \times 27} \\[2em]
100 & 360 & \dfrac{348,75 \times 100 \times 360}{155000 \times 27}.
\end{array}
$$

En effectuant les calculs on trouve 3. Le taux est donc 3 p. 100.

217. **Remarque.** Les deux derniers résultats peuvent s'écrire

$$
\frac{326,80 \times 100}{12450 \times \dfrac{7}{12}}, \qquad \frac{348,75 \times 100}{155000 \times \dfrac{27}{360}}.
$$

On trouve en dénominateur des fractions qui expriment le temps en année ; on arrive ainsi à la règle générale suivante : *Pour trouver le taux on multiplie l'intérêt connu par* 100, *et on divise le résultat par le produit du capital par le temps exprimé en année.*

CALCUL DU TEMPS.

218. Lorsque le temps est la quantité inconnue, on ne peut savoir *à priori* si l'on aura des années, des mois et des jours. Dans ce cas, le temps devant être exprimé, s'il

y a lieu, en années, mois et jours, c'est-à-dire en nombre complexe, on opère comme si le temps devait exprimer des années, puis, si l'on trouve un reste, on transforme le dividende en un nombre complexe contenant o mois, o jours, et on continue la division comme nous l'avons dit pour la division des nombres complexes ; seulement, si, après avoir trouvé les jours, on obtient encore un reste, on force d'une unité le dernier quotient trouvé, et on arrête l'opération.

219. **Problème.** *Pendant combien de temps faut-il placer un capital de 14625 fr. à 4 1/2 p. 100 pour avoir 2475 fr. d'intérêts ?*

La règle de trois qui résout cette question est la suivante :

100 fr., pour rapporter 4,50, mettront l'an ; combien faudra-t-il de temps pour que 14625 fr. rapportent 2475 fr. ?

On la résout comme il suit :

$$100^f \text{ pour rapporter } 4,50 \text{ mettent } 1 \text{ an}$$

$$1 \quad\quad - \quad\quad 4,50 \quad\quad - \quad\quad 1 \times 100$$

$$14625 \quad\quad - \quad\quad 4,50 \quad\quad - \quad\quad \frac{100}{14625}$$

$$14625 \quad\quad - \quad\quad 1 \quad\quad - \quad\quad \frac{100}{14625 \times 4,5}$$

$$14625 \quad\quad - \quad\quad 2475 \quad\quad - \quad\quad \frac{100 \times 2475}{14625 \times 4,5}$$

Effectuons les calculs ; on simplifie d'abord autant que possible, et on trouve

$$\frac{440}{117}.$$

La partie entière de cette division est 3 ; il y a donc 3 ans ; on trouve pour reste 89 ; on multiplie par 12 et on divise par 117 ; le quotient est 9 et le reste 15 ; enfin on multiplie 15 par 30, ce qui donne 450 ; on divise 450 par 117 ; on trouve 3 pour quotient et 99 pour reste ; alors on écrit que le temps cherché est égal à 3 ans 9 mois et 3 jours.

VALEUR DU CAPITAL JOINT A L'INTÉRÊT.

220. Il est souvent utile de chercher ce que devient le capital joint à son intérêt pendant un certain temps. C'est en particulier la question que l'on devrait résoudre si l'on supposait que l'on doit rembourser à la fois le capital et les intérêts. Nous allons voir, par un exemple, comment on opère dans ce cas.

Nous avons dit que, pour trouver l'intérêt pendant un certain temps, exprimé en année, on multiplie le capital par le taux et par le temps, et que l'on divise par 100.

D'après cela, cherchons *ce que devient un capital de 2400 fr. placé à 5 p. 100 pendant 2 ans, si l'on y joint ses intérêts.*

Il est évident qu'on aura la réponse à la question en cherchant la valeur de l'intérêt, et la joignant au capital ; donc la somme cherchée est égale à

$$2400 + \frac{2400 \times 5 \times 2}{100}.$$

Mettons le nombre 2400 en facteur, et réduisons au même dénominateur, nous aurons :

$$2400 \times \frac{100 + 5 \times 2}{100}.$$

On en déduit la règle suivante : *Pour trouver la valeur que prend le capital joint à son intérêt, on multiplie le capital par une fraction dont le dénominateur est 100 et dont le numérateur s'obtient en multipliant le taux par le temps exprimé en année, et ajoutant 100 au résultat.*

MÉTHODES PRATIQUES POUR LE CALCUL DE L'INTÉRÊT.

221. Dans les questions d'intérêt que l'on doit résoudre pour les affaires de banque et de comptes courants portant intérêt, le temps est toujours évalué en jours, parce que très souvent le temps d'un placement n'est qu'une fraction d'année. Dans ce cas, on compte le nombre de

jours qui s'écoulent depuis le jour où commence le compte
d'intérêts, jusqu'au jour où il s'arrête, en comptant ce
dernier jour, mais ne comptant pas le premier. Ainsi,
pour un compte qui s'ouvre le 8 juillet et se ferme le
22 septembre, on ne compte pas le 8 juillet, mais on
compte le 22 septembre, et on calcule le nombre exact
de jours compris entre ces deux dates ; pour cela, dans
la pratique, on dit :

Juillet a 31 jours ; donc du 8 juillet au 8 août, il s'é-
    coule..................................... 31 jours.
Août a 31 jours ; donc du 8 août au 8 septembre, il
    s'écoule........ ·..................... 31 —
Du 8 septembre au 22, il s'écoule................ 14 —
                   Total.............. 76 jours.

Ce premier calcul fait, on emploie l'une des méthodes
suivantes :

222. *Méthode des nombres ou des diviseurs fixes.* Dans les
calculs connus sous le nom de *comptes courants portant
intérêt*, on a constamment à faire des calculs d'intérêt
pour un certain nombre de jours, et tous les calculs se
font, pour un même compte, au même taux. Rappelons
que, pour trouver l'intérêt d'un capital donné pour un
certain nombre de jours, on prend le produit du capital
par le nombre de jours et par le taux, et on divise par
36000 (voir n° 208). Par exemple, l'intérêt de 155000 fr.
à 3 p. 100 pendant 27 jours est

$$\frac{155000 \times 27 \times 3}{36000}.$$

Dans les divers calculs d'un compte courant il y a deux
nombres qui ne varieront pas : le dénominateur 36000, et
le taux, qui est ici 3. Or, on peut écrire cette expression
sous la forme

$$\frac{155000 \times 27}{36000 : 3},$$

et l'on voit que l'on pourra encore obtenir l'intérêt de la
manière suivante : *On multiplie le capital par le nombre de*

jours, et on divise ce produit par le quotient de 36000 *par le taux.*

De cette manière, si l'on a une série de calculs analogues à faire, on fera la somme des produits qui composent les numérateurs, et on divisera cette somme par le diviseur, qui reste le même pour tout le cours du calcul.

Dans la pratique de la comptabilité, ces numérateurs portent un nom particulier. On les appelle les *nombres*, et ce sont ces produits que l'on écrit dans une colonne spéciale appelée *colonne des nombres* pour les ajouter ensuite et diviser leur somme par le diviseur correspondant au taux donné afin de trouver l'intérêt.

Nous avons dit que les taux que l'on employait dans la pratique étaient en petit nombre ; si on cherche le quotient de 36000 par chacun de ces taux, on trouve un nombre exact, qui est le diviseur correspondant au taux considéré.

On trouve ainsi

> Taux 3, diviseur 12000
> — 4, — 9000
> — 4 1⁄2, — 8000
> — 5, — 7200
> — 6, — 6000.

Cette méthode des *nombres* ou des *diviseurs fixes* n'est guère employée que dans les calculs de comptabilité, où elle présente un sérieux avantage, puisque l'on n'a qu'une division à faire à la fin du compte.

223. *Méthode des parties aliquotes.* Au contraire, la seconde méthode que nous allons indiquer sert dans tous les calculs d'intérêt lorsque l'on cherche précisément l'intérêt, et que le temps est exprimé en jours ; elle repose d'abord sur la connaissance du problème suivant :

Pendant combien de jours faut-il placer une somme de 100 *fr., à un taux déterminé, par exemple à 5 p.* 100, *pour avoir* 1 *fr. d'intérêt ?*

Résolvons directement cette question de la manière suivante : 100 fr. en 360 jours rapportent 5 fr. ; en combien de jours rapporteront-ils 1 fr. ? Il est bien évident que, les autres conditions restant les mêmes, le temps est proportionnel à l'intérêt. Par suite, le nombre de jours cherché s'obtiendra en divisant 360 par le taux. On trouvera ainsi les quotients suivants :

Le taux étant 3, le quotient est 120

—	4,	—	90
—	4 $\frac{1}{2}$,	—	80
—	5,	—	72
—	6,	—	60.

Ces nombres de jours sont ce que l'on appelle la *base* répondant à chaque taux. Nous dirons que la base répondant à un taux est le nombre de jours nécessaire pour que 100 fr. rapportent 1 fr. d'intérêt ou plus généralement pour qu'une somme quelconque rapporte un intérêt qui soit le centième de la valeur du capital.

224. Cela posé, voici comment on effectue rapidement le calcul : étant donné un nombre quelconque de jours, on retranche d'abord la base autant de fois que possible ; du reste, on retranche, s'il y a lieu, la moitié, ou le tiers, ou le quart... de la base, en général, le plus grand diviseur possible de la base ; du reste, on retranche un nouveau diviseur de la base, et autant que possible, un diviseur qui soit un diviseur du précédent, et ainsi de suite, jusqu'à ce que l'on arrive à un reste égal à zéro, ce qui est toujours possible puisque les restes successifs sont entiers et vont en diminuant constamment.

225. Par exemple, on a à calculer un intérêt à 5 p. 100 pour 247 jours ; la base est 72 ; on a d'abord

$$247 = 72 + 175 ;$$
$$247 = 72 + 72 + 103 ;$$
$$247 = 72 + 72 + 72 + 31.$$

On prend le diviseur 18, qui est le quart de 72 ; on a

$$247 = 72 + 72 + 72 + 18 + 13.$$

On prendra 9, moitié de 18, on aura

$$247 = 72 + 72 + 72 + 18 + 9 + 4.$$

Enfin 3 est le tiers de 9 ; et on a

$$247 = 72 + 72 + 72 + 18 + 9 + 3 + 1.$$

Alors, on dispose le calcul rapidement comme il suit. Cherchons par exemple l'intérêt de 4275 fr. à 5 p. 100 pendant 247 jours.

On écrira :

$$
\begin{array}{lrl}
\text{Intérêt de } 4275^{\text{f}} \text{ pour } 72 \text{ jours,} & 42,75 \\
\text{—} & 72 & 42,75 \\
\text{—} & 72 & 42,75 \\
\text{—} & 10 & 10,60 \; (\text{en forçant}) \\
\text{—} & 9 & 5,34 \\
\text{—} & 3 & 1,78 \\
\text{—} & 1 & 0,59 \\
\hline
\text{—} & 247 & 146,65
\end{array}
$$

226. *Emploi du taux 6.* On voit que, pour appliquer cette méthode directement, il faut connaître tous les diviseurs de chacune des bases. On simplifie encore les calculs en partant du taux de 6 p. 100. Pour ce taux, la base est 60, qui, entre autres avantages, présente celui d'avoir des diviseurs très simples, puisque plusieurs sont terminés par des zéros, et en outre est divisible par les nombres 1, 2, 3, 4, 5, 6. Lorsque l'on a calculé l'intérêt à 6 p. 100, on en déduit facilement l'intérêt à un taux quelconque, par la remarque suivante :

$$
\begin{array}{lccc}
\text{L'intérêt à } 5\;{}^{0}\!/_{0} \text{ est les} & \dfrac{5}{6} & \text{de l'intérêt à 6 ;} \\[2mm]
\text{—} & 4\,{}^{1}\!/_{2} & \dfrac{3}{4} & \text{—} \\[2mm]
\text{—} & 4 & \dfrac{2}{3} & \text{—} \\[2mm]
\text{—} & 3 & \dfrac{1}{2} & \text{—}
\end{array}
$$

On l'aura en retranchant du précédent $\dfrac{1}{6}$ de sa valeur.

$$
\begin{array}{lccc}
\text{—} & & \dfrac{1}{4} & \text{—} \\[2mm]
& & \dfrac{1}{3} & \text{—} \\[2mm]
\text{—} & & \dfrac{1}{2} & \text{—}
\end{array}
$$

Or, on a très facilement le quotient d'un nombre par 6, 4, 3, ou 2.

Si l'on joint à cela que, la base ayant la plus petite valeur possible, on pourra souvent la retrancher un plus grand nombre de fois du nombre donné, et avoir ensuite moins de diviseurs à employer, on verra que le calcul peut se trouver très simplifié.

Reprenons l'exemple précédent : on a $247 = 60 + 60 + 60 + 60 + 6 + 1$.

Intérêt de 4275ʳ pour 60 jours,	42,75
—	60	—	42,75
—	60	—	42,75
—	60	—	42,75
—	6	—	4,275
—	1	—	0,713

Intérêt à 6 %............. 175,988
Dont le sixième est de..... 29,331

Intérêt à 5 %............. 146,65

Cet exemple suffit pour montrer la simplicité de cette méthode réellement pratique, et la seule employée dans les calculs de banque et en particulier d'escompte.

ESCOMPTE.

227. La plupart des affaires, dans le commerce, se traitent *à terme*, c'est-à-dire que, au lieu de payer immédiatement un achat que l'on vient de faire, on s'engage à payer à une époque ultérieure, sur la présentation de ce que l'on appelle un *effet de commerce* ; mais il peut arriver que la personne qui possède ce billet ait besoin d'argent comptant, alors elle présente l'effet à un banquier qui lui en remet le montant, déduction faite d'une retenue que l'on appelle l'*escompte*. On distingue deux sortes d'escompte, l'*escompte commercial,* ou *escompte en dehors,* qui est celui que l'on pratique le plus ordinairement, et l'*escompte rationnel,* ou *escompte en dedans,* qui n'est usité que dans certains cas, et qui est plutôt théorique que pratique.

228. L'escompte commercial se calcule simplement en déterminant l'intérêt de la somme portée sur le billet jusqu'au jour de l'échéance. Pour calculer l'escompte, dans la pratique, on emploie exclusivement la méthode du taux de 6 p. 100, que nous avons exposée plus haut, la date de l'échéance ne devant jamais, d'après les usages reçus dans le commerce, être éloignée de plus de 90 jours. On pourrait évidemment ramener les questions d'escompte à des règles de trois, comme les questions d'intérêt, et c'est ce que nous allons faire pour les divers problèmes auxquels peut donner lieu l'escompte, à l'exception du calcul même de la retenue, calcul qui se fait, comme nous l'avons dit, par les méthodes pratiques.

229. PROBLÈME. *Quel est l'escompte d'un billet de 2420 fr. payable le 15 mars, si on veut en avoir le montant le 25 janvier, le taux de l'escompte étant 4 1/2 p. 100 ?*

Commençons par chercher le nombre de jours :

Du 25 janvier au 25 février, il y a 31 jours
Du 25 février au 15 mars,   18 —

Total......... 49 jours

d'après cela, l'intérêt de 2420 fr. pour 60 jours étant de 24,20, on dira

Pour 30 jours, l'intérêt est 12,10
    15   —   6,05
     3   —   1,21
     1   —   0.40

Intérêt à 6 %...... 19,76
Dont le quart est.. 4,94

Intérêt à 4 1/2 %... 14,82

La réponse est donc 14,82. On recevra 2420 — 14,82 ou 2405,18.

230. PROBLÈME. *On reçoit 2405,18 pour un billet de 2420 fr. à 49 jours de date ; quel est le taux de l'escompte ?*

La retenue subie est évidemment 2420 — 2405,18, ou 14,82. Alors, la règle de trois qui résout la question est la suivante : Un billet de 2420 fr. subit une retenue de 14,82 pour 49 jours. Quelle retenue subirait un effet de 100 fr. pour 360 jours ?

On trouvera le résultat en disant :

2420ᶠ pour 49 jours subissent une retenue de 14,82

$$
\begin{array}{cccc}
1 & 49 & - & \dfrac{14,82}{2420} \\[2ex]
100 & 49 & \cdots & \dfrac{14,82 \times 100}{2420} \\[2ex]
100 & 1 & \cdots & \dfrac{14,82 \times 100}{2420 \times 49} \\[2ex]
100 & 360 & - & \dfrac{14,82 \times 100 \times 360}{2420 \times 49}
\end{array}
$$

En forçant très peu on trouve 4,50. Le taux de l'escompte est donc de $4\,^1/_2$ p. 100.

231. PROBLÈME. *Un billet de 2420 fr. escompté à $4\,^1/_2\,p.$ 100 a subi une retenue de 14,82 ; combien de jours avait-il encore à rester en circulation avant l'échéance ?*

La règle de trois qui résout la question est la suivante : Un billet de 100 fr. subirait une retenue de 4,50 pour 360 jours ; pour combien de jours un billet de 2420 fr. a-t-il subi une retenue de 14,82 ?

On la résout comme il suit :

100ᶠ subissent 4,50 de retenue en 360 jours

$$
\begin{array}{cccc}
1 & 4,50 & - & 360 \times 100 \\[2ex]
2420 & 4,50 & - & \dfrac{360 \times 100}{2420} \\[2ex]
2420 & 1 & \cdots & \dfrac{360 \times 100}{2420 \times 4,50} \\[2ex]
2420 & 14,82 & \cdots & \dfrac{360 \times 100 \times 14,82}{2420 \times 4,50}.
\end{array}
$$

On trouve à très peu près 49 ; donc, d'après ce que nous avons dit, on prendra 49, puisque le résultat est inférieur à ce nombre.

Remarquons ici que nous avons pris le jour pour inconnue, parce que, dans les questions d'escompte, on sait d'avance que le temps est exprimé en jours.

232. Dans l'escompte mathématique, ou escompte rationnel, on remarque que le billet n'aura précisément la

valeur qu'il porte que le jour de son échéance. Sa valeur actuelle est telle que, jointe à son intérêt, jusqu'au jour de l'échéance, elle donne un résultat précisément égal à sa valeur nominale. Or, nous avons vu précédemment comment on pouvait obtenir la valeur d'un capital joint à son intérêt jusqu'à une époque fixée. On peut inversement en déduire la valeur actuelle du billet, connaissant sa valeur nominale. Mais on peut aussi ramener la question à une règle de trois simple de la manière suivante.

233. **Problème.** *Chercher la valeur actuelle d'un billet de 2420 fr., payable dans 88 jours, le taux de l'escompte étant* 4 $\frac{1}{2}$ p. 100.

Commençons par chercher la valeur d'un capital de 100 fr. au bout de 88 jours; on trouve, le taux étant 4 $\frac{1}{2}$ p. 100, que l'intérêt est de 1^f,10; donc la valeur d'un capital de 100 fr. joint à ses intérêts pendant 88 jours sera 101,10.

Cela posé, la règle de trois est la suivante:

Un effet de 101^f,10, payable dans 88 jours, a une valeur actuelle de 100 fr. Quelle est la valeur actuelle d'un effet de 2420 fr. dans les mêmes conditions?

On la résout comme il suit:

Un effet de 101,10 a une valeur actuelle de 100

$$
\begin{array}{ccc}
- \quad 1 & - & \dfrac{100}{101,10} \\[2ex]
- \quad 2420 & - & \dfrac{2420 \times 100}{101,10}
\end{array}
$$

On trouve 2399,66. Telle est la valeur que l'on doit toucher comme montant actuel du billet.

Pour trouver la valeur actuelle d'un billet, on opère de la manière suivante : *On multiplie par 100 la valeur nominale du billet, et on divise le produit par la valeur acquise, capital et intérêts réunis, par une somme de 100 fr. placée au taux considéré pendant le nombre de jours à courir jusqu'à l'échéance du billet.*

ÉCHÉANCE MOYENNE.

234. Lorsque un débiteur doit à un même créancier plusieurs sommes, payables à des époques différentes, et représentées par des effets, il peut être convenu entre les intéressés, de convertir l'ensemble de ces paiements en un seul, dont le montant soit égal à la somme des précédents, et dont l'échéance soit calculée de telle manière qu'il n'y ait de perte pour aucune des parties. Il faut, en particulier, que si le créancier veut faire exempter le billet unique, à une époque quelconque, il subisse une retenue absolument égale à celle qu'il aurait subie sur l'ensemble des billets partiels. On conçoit d'après cela que l'époque de ce paiement unique soit intermédiaire entre le premier paiement et le dernier. Cette époque est ce que l'on appelle l'*échéance moyenne* ou *échéance commune*.

Nous allons montrer que cette date ne dépend absolument que du montant et de la date de chaque billet.

235. PROBLÈME. *Je dois à une personne quatre effets, l'un de 2525 fr. payable dans 2 mois, un second de 3000 fr. payable dans 75 jours, un troisième de 2000 fr. payable dans 80 jours, et un quatrième de 5000 fr. payable dans 90 jours. Je désire me liquider en un seul paiement, égal à la somme des quatre premiers; pour quelle époque doit être souscrit l'effet unique constatant cette obligation?*

Admettons que le créancier veuille faire escompter aujourd'hui ses quatre effets, ou l'effet unique; il est évident que l'on doit supposer que les divers escomptes se feront au même taux. Dans ce cas, nous pourrons employer une méthode analogue à celle des comptes courants, puisque nous avons différents calculs à effectuer, et nous emploierons la méthode des diviseurs fixes ; en faisant la somme des *nombres* relatifs aux différents effets, et en divisant par le diviseur correspondant au taux de l'escompte, nous aurons la retenue des divers effets.

Prenons les *nombres* relatifs aux quatre paiements :

1° 2525ᶠ pour 60 jours.	Nombre	$2525 \times 60 = 151500$
2° 3000 75 —	—	$3000 \times 75 = 225000$
3° 2000 80 —	—	$2000 \times 80 = 160000$
4° 5000 90 —	—	$5000 \times 90 = 450000$
12525		986500

L'effet relatif au paiement unique sera de 12525 fr. puisque l'on veut qu'il soit égal à la somme des montants des effets précédents ; de plus, la date de son échéance doit être telle, avons-nous dit, qu'il subisse la même retenue que l'ensemble des autres effets ; pour avoir cette retenue, nous devons multiplier 12525 par le nombre de jours jusqu'à l'échéance, et diviser par le même diviseur que précédemment ; donc, on voit que le produit de 12525 par ce nombre de jours doit être égal à la somme des *nombres* correspondant aux divers paiements partiels ; et par suite que cette égalité est indépendante du taux de l'escompte. On arrive donc à cette règle générale :

Pour trouver la date de l'échéance moyenne, on fait la somme des nombres relatifs à chaque paiement partiel, et on divise par la somme des montants des effets.

Dans l'exemple précédent, on trouve, d'après les indications données précédemment sur le calcul du temps dans les intérêts, 79 jours pour l'échéance commune.

236. Inversement on peut accepter de payer par anticipation à un créancier une partie d'une dette, mais alors, par compensation, on doit reculer l'époque du paiement de la seconde partie, de façon que le débiteur n'en éprouve aucun dommage.

Par exemple, *je dois 4000 fr., payables dans 6 mois, je consens à payer 1500 fr. dans 2 mois ; à quelle époque doit avoir lieu le paiement du reste ?*

Il faut évidemment que le reste soit payé à une époque telle que la somme des escomptes des deux parties soit égale à l'escompte de la somme des deux effets ; par suite,

Pour avoir l'époque cherchée, je prendrai le nombre correspondant à la dette totale, j'en retrancherai le nombre correspondant au paiement anticipé, et je diviserai la différence par ce qui reste dû.

Appliquons à l'exemple précédent.

Dette totale 4000ᶠ pour 180ʲ Nombre 4000 × 180 = 720000
Paiement partiel 1500 60 — 1500 × 60 = 90000

Reste dû... 2500 630000

$$\text{Nombre de jours cherché } \frac{630000}{2500} = 252.$$

On trouve 8 mois et 12 jours.

Exercices.

61. Pendant combien d'années, de mois et de jours faut-il faire valoir un capital de 3840 fr. au taux de 4,5 p. 100 pour retirer 631,20 d'intérêt simple ? (*Brevet simple, Aisne.*)

62. La fortune d'une personne est partagée en deux parties égales ; la première partie placée à 5 p. 100 rapporte annuellement 60 fr. de plus que la seconde partie, placée à 4,5 p. 100. Quelle est la fortune de cette personne? (*Concours cantonal, Aisne.*)

63. Une personne a emprunté, le 1ᵉʳ décembre 1871, une somme de 24000 fr., à la condition de payer successivement ce qu'elle pourrait, les sommes versées devant servir à couvrir les intérêts échus, et le surplus à diminuer le capital de la dette ; elle a payé :

Le 12 août 1872................. 5000
Le 4 mars 1873 6000
Le 5 janvier 1874............... 7000

Quelle somme doit-elle compter le 6 juillet 1874 pour être libérée complètement ? On comptera l'année de 360 jours, et l'intérêt à 6 ⅓ p. 100. (*Brevet de capacité, Algérie.*)

64. Une personne vend à 8500 fr. l'hectare un jardin dont elle place le prix à 5 p. 100. Sachant qu'elle aura 743,75 d'intérêt par an, on demande de trouver en ares la superficie du jardin vendu. (*Brevet supérieur, Algérie.*)

65. Une personne a un capital qui, placé d'abord à intérêts simples pendant trois ans et demi à 4 p. 100, puis retiré et placé, avec les intérêts échus, dans une spéculation rapportant 8 p. 100, donne un revenu annuel de 2850 fr. Quel est ce capital? (*Brevet facultatif, Seine-et-Oise.*)

66. Une personne place les $\frac{2}{5}$ de son capital à 6 p. 100, ce qui lui procure un revenu annuel de 939ᶠ,60. Le reste de ce capital

est placé à 4,5 p. 100. Trouver son revenu annuel et à quel taux elle devrait placer son capital pour obtenir le même revenu annuel? (*Cert. d'ét. prim., Seine-et-Oise.*)

67. Quelqu'un voudrait retirer 1f,50 par jour d'intérêt d'un capital qui, placé à 4 p. 100, lui a rapporté 127f,50 en trois mois et douze jours. Quelle augmentation devra-t-il faire subir à l'ancien taux? (*Cert. d'ét. prim., Vosges.*)

68. On escompte à 4,5 p. 100 les trois billets suivants :

Le premier	1250 fr.	payable dans	5 mois	20 jours;
Le second	2125	—	4	—	12	—
Le troisième	895	—	3	—	8	—

Quelle somme recevra-t-on? On emploiera dans les calculs l'année commerciale de 360 jours. (*Brevet simple, Algérie.*)

69. Un négociant possède deux lettres de change, l'une de 3725 fr. payable dans 48 jours, au taux d'escompte de 6 p. 100; l'autre, de 4580 fr. payable dans 92 jours, au taux de 4,5 p. 100. Il a besoin d'une lettre de change égale à la somme des deux précédentes pour un placement dont le taux est de 5,5. Quelle sera l'échéance de cette lettre unique? (*Brevet supérieur, Algérie.*)

70. Un capital est placé au taux de 5 p. 100. Au bout de 3 mois, il s'élève, avec l'intérêt, à la somme de 10068f,30. Quel est ce capital? (*Brevet de capacité, Alger.*)

71. Quel est le capital qui, placé pendant 60 jours à 3,76 p. 100, devient, avec ses intérêts, égal à 193 fr.? (*Aspirantes, Bourg.*)

72. Le 18 décembre 1874, une personne place une somme de 6400 fr. en achat de rente 3 p. 100 au cours de 69,30. Quatre mois après, elle vend ses rentes 71f,10. Les rentes 3 p. 100 se touchent en 4 termes, le 1er jour de chaque trimestre; on demande à quel taux l'argent a été placé. (*Dijon, brevet complet.*)

73. Une personne a placé un certain capital pendant 1 an, 2 mois et 12 jours. Au bout de ce temps, les intérêts joints au capital ont produit une somme de 27178f,40. Quel était le capital placé? (*Cert. d'ét., Agen.*)

74. Une personne a fait de son capital trois parts : la première a été placée pendant 3 ans et 8 mois à 4 1/2 p. 100; la seconde, qui est triple de la première, a été placée à 5 p. 100 pendant 3 ans et 6 mois; enfin la troisième, qui est triple de la seconde, a été placée à 4 p. 100 pendant 3 ans et 9 mois. Les intérêts de ces divers capitaux se sont élevés à la somme de 14190 fr. Calculer les trois parts et le capital entier. (*Brevet supérieur, Seine.*)

75. Une personne doit un billet de 2000 fr. payable dans un mois, et un autre de 1500 fr. payable dans 2 mois et demi ; elle veut les remplacer par un seul billet payable dans 2 mois : quelle doit être la valeur de ce billet, l'intérêt étant à 6 p. 100? (*Brevet supérieur, Saône-et-Loire.*)

76. Une personne qui a placé 1260 fr. pendant 7 mois, retire 1294^f,66, capital et intérêts ; on demande à quel taux elle avait placé son argent. (*Brevet supérieur, Yonne.*)

77. Un marchand de bestiaux a fourni à un cultivateur 3 vaches et 2 génisses ; les vaches valent 280 fr. et les génisses valent chacune les $\frac{3}{7}$ du prix d'une vache ; le paiement doit s'effectuer dans 3 ans 5 mois et 12 jours ; à combien s'élèvera-t-il en y joignant les intérêts à 4,5 p. 100 ? (*Brevet supérieur, Isère.*)

78. Au 26 mai, un négociant voit par ses livres qu'un de ses clients lui a souscrit un effet de 800 fr., valeur au 16 septembre ; un second effet de 680 fr., valeur à 90 jours ; un troisième effet de 540 fr., valeur au 18 août ; ce client voudrait remplacer les trois effets par un billet unique, et le négociant accepte. Indiquer la date de l'échéance. (*Cert. d'ét., Vosges*).

79. Une personne présente à la Banque un billet payable dans 36 jours, et reçoit, déduction faite de l'escompte, une somme de 3428^f,25; on demande quelle était la valeur portée sur le billet, le taux de l'escompte étant 6 p. 100 par an. (*Brevet complet, Vienne.*)

80. A un capital, on ajoute les intérêts pendant 14 mois 20 jours et l'on a les $\frac{33}{31}$ du capital primitif ; à quel taux est-il placé? (*Aspirantes, Paris*).

81. Vaut-il mieux placer 12000 fr. à 6 p. 100 que de placer 7000 fr. à 7 p. 100 et 5000 à 5 p. 100? (*Brevet complet, Seine-et-Oise.*)

82. Une somme inconnue vaut 26000 fr. au bout de 6 ans, capital et intérêts réunis ; la même somme vaut 30000 fr. au bout de 10 ans, capital et intérêts réunis ; trouver le capital et le taux d'intérêts. (*Brevet complet, Dijon.*)

83. Un capitaliste a placé les $\frac{4}{5}$ de ses fonds à 4 p. 100 et $\frac{1}{5}$ à 5 p. 100. Il retire en tout 2940 fr. par an. Combien a-t-il placé en tout ? (*Aspirantes, Paris.*)

84. Un billet de 1500 fr. n'est payable que dans trois mois; quelle sera sa valeur actuelle si l'on veut être payé immédiate-

ment? On suppose que le taux d'escompte est à 5 p. 100. (*Aspirantes, Paris.*)

85. A quelle époque était payable un billet de 387^f,35 qui a subi un escompte en dehors de 4^f,42 au taux de 6 p. 100 par an? (*Brevet, Seine-et-Oise.*)

86. Un billet payable dans 48 jours a subi un escompte en dehors de 7^f,50, au taux de 6 p. 100 ; quelle est la valeur nominale de cet effet? (*Conc. cant., Gironde.*)

87. Une personne achète une machine pour la somme de 15620 fr. payable par cinquième à la fin de chaque trimestre ; mais au bout de 2 mois elle solde la moitié de ce qu'elle doit, et l'autre moitié 2 mois après. De quel escompte bénéficiera-t-elle à raison de 6 p. 100 par an ? (*Brevet facultatif, Seine-et-Oise.*)

88. Un négociant a trois billets en portefeuille : le premier de 602 fr., payable dans 17 jours ; le second de 870 fr., payable dans 142 jours, et le troisième de 398 fr., payable dans 212 jours ; à quelle époque sera payable un billet unique égal à la somme des trois précédents ? (*Aspirants, Paris.*)

89. Lorsqu'un banquier escompte un billet à 6 p. 100 à

3 mois, avec $\frac{1}{2}$ p. 100 de commission, quel est *en réalité* le

taux de l'escompte? (*Brevet sup., Tours.*)

90. Un billet de 8340 fr. escompté à 6 p. 100 le 1er mars 1869 n'a été payé que 7714^f,50. Quelle était la date de l'échéance? (*Aspirantes, Paris.*)

CHAPITRE XIII

Partages proportionnels.

237. *Partager un nombre*, par exemple 75, *en parties pro portionnelles à des nombres donnés*, tels que 4, 5 et 6, c'est trouver des nombres dont la somme soit égale à 75, et tels que si l'on divise le premier par 4, le second par 5, le troisième par 6, les quotients soient égaux entre eux.

Il est évident que les nombres cherchés doivent être proportionnels au nombre à partager, toutes les autres conditions restant les mêmes ; par exemple, si je veux, après avoir partagé 75 en parties proportionnelles à 4, 5 et 6, chercher le résultat que j'obtiendrai en partageant de même 75×3, il est certain que chacune des nouvelles parties s'obtiendra en multipliant par 3 la partie correspondante obtenue dans la première opération. On voit donc que si l'on connaît les valeurs des parties cherchées dans un cas particulier, on sera ramené à une règle de trois simple et directe.

238. Il est bien clair que, si le nombre à partager est précisément égal à la somme des nombres auxquels les parties doivent être proportionnelles, chacune de ces parties sera le nombre correspondant. En effet, si l'on veut partager $4+5+6$ en parties proportionnelles aux nombres 4, 5 et 6, il est évident que ces nombres 4, 5 et 6 répondent à la question, d'après la définition; car on a bien

$$\frac{4}{4}=\frac{5}{5}=\frac{6}{6}=1.$$

De plus, ils y répondent *seuls*, car si l'on modifiait l'un d'eux, en le multipliant par un nombre quelconque, on devrait multiplier les autres par le même nombre ; par suite leur somme serait aussi multipliée par ce nombre ; donc tout groupe de nombres autres que 4, 5 et 6 ne répondront pas à la définition complète.

239. D'après cela, on résoudra la question de la manière suivante : en reprenant le même exemple que précédemment on dira

Si le nombre à partager est $4+5+6$,
— 1
— 75

les parties cherchées seront 4, 5, 6

— $\dfrac{4}{4+5+6}$, $\dfrac{5}{4+5+6}$, $\dfrac{6}{4+5+6}$.

— $\dfrac{4\times 75}{4+5+6}$, $\dfrac{5\times 75}{4+5+6}$, $\dfrac{6\times 75}{4+5+6}$.

On voit qu'il y a une partie commune dans le calcul des nombres cherchés ; cette partie est la fraction

$$\frac{75}{4+5+6}.$$

C'est le quotient du nombre à partager par la somme des nombres auxquels les parties doivent être proportionnelles.

Ensuite, chaque partie s'obtient en multipliant ce quotient par le nombre auquel la partie considérée doit être proportionnelle.

En effectuant, dans l'exemple considéré, on trouve 20, 25 et 30. On vérifie facilement que ces trois nombres satisfont à la définition complète.

De là on déduit la règle suivante: *On divise le nombre à partager par la somme des nombres auxquels les parties cherchées doivent être proportionnelles; puis on multiplie ce quotient par chacun des derniers nombres pour avoir la partie correspondante.*

240. La question du partage en parties proportionnelles n'est pas toujours posée d'une façon aussi simple; mais on peut la ramener au cas facile pour lequel le partage se fait proportionnellement à des nombres entiers. Les exemples suivants vont indiquer comment on ramène la question à ce cas simple :

PROBLÈME. *Partager 552 en parties proportionnelles à* $\frac{1}{2}$, $\frac{2}{3}$ *et* $\frac{3}{4}$.

Je réduis les fractions au même dénominateur, qui est 12, et j'obtiens les fractions

$$\frac{6}{12}, \quad \frac{8}{12}, \quad \frac{9}{12}.$$

Il est bien évident que, pour diviser 552 proportionnellement à ces fractions, qui ont le même dénominateur, il suffit de diviser 552 proportionnellement aux numérateurs, qui sont des nombres entiers, nous sommes donc ramenés au premier cas; nous dirons alors :

La première partie est

$$\frac{552 \times 6}{6 + 8 + 9} = 144.$$

La seconde

$$\frac{552 \times 8}{6 + 8 + 9} = 192.$$

La troisième

$$\frac{552 \times 9}{6+8+9} = 216.$$

On retrouve bien pour total 552.

241. **PROBLÈME.** *Partager 156 en trois parts telles que la première soit les $\frac{5}{4}$ de la seconde, et les $\frac{7}{3}$ de la troisième.*

On voit que la seconde partie est les $\frac{4}{5}$ de la première, et que la troisième est les $\frac{3}{7}$ de la première. Réduisons ces deux fractions au même dénominateur, qui est 35 ; on trouve que les trois parties seront représentées par 1, $\frac{28}{35}$, $\frac{15}{35}$ ou $\frac{35}{35}, \frac{28}{35}, \frac{15}{35}$. On est donc ramené à partager 156 proportionnellement à 35, 28 et 15.

En opérant comme nous l'avons fait plus haut, on arrive aux nombres 70, 56 et 30.

242. **PROBLÈME.** *Partager 1200 en parties inversement proportionnelles aux nombres $1, \frac{5}{3}, \frac{15}{14}$ et $\frac{3}{2}$.*

Il faut que les parties soient telles, que leur produit par les fractions correspondantes soient égaux. Or, on sait que le produit d'un nombre par une fraction est précisément le résultat que l'on obtient en divisant ce nombre par la fraction renversée. Donc, on est ramené à partager 1200 en parties proportionnelles à $1, \frac{3}{5}, \frac{14}{15}, \frac{2}{3}$, ou, en réduisant au même dénominateur 15, à partager en parties proportionnelles à 15, 9, 14 et 10.

On trouve 375, 225, 350 et 250.

APPLICATIONS DES PARTAGES PROPORTIONNELS.

Règles d'alliage et de mélange.

243. Lorsque l'on mélange ensemble plusieurs mar-

chandises de valeur différente, on obtient une nouvelle marchandise dont la valeur est comprise entre les valeurs extrêmes des marchandises considérées. On peut se proposer de chercher dans quelles proportions on doit mélanger ces marchandises pour obtenir un prix fixé à l'avance. Le problème n'est déterminé que dans le cas où l'on a seulement un mélange de deux quantités, et, dans ce cas, nous allons montrer que nous sommes ramenés à un partage proportionnel.

244. Problème. *On a du blé à 20 fr. l'hectolitre, et du blé à 25 fr. l'hectolitre. Combien faut-il en prendre de chaque sorte pour obtenir 250 hectolitres au prix de 22 fr. l'hectolitre.*

Un hectolitre de blé à 20 fr., vendu 22 fr., donne 2 fr. de gain ;

Un hectolitre de blé à 25 fr., vendu 22 fr., donne 3 fr. de perte.

Il faut mélanger les deux espèces dans des proportions telles que le gain compense la perte.

Or, si l'on associe 3 hectolitres de blé à 20 fr. à 2 hectolitres à 25 fr., cette compensation sera précisément réalisée; car on a d'une part un gain exprimé par 3×2, et de l'autre une perte exprimée par 2×3. Il ne restera plus qu'à diviser dans la proportion de 3 à 2 le nombre total d'hectolitres à fournir. On trouve 150 et 100.

On dispose ordinairement les calculs de la manière suivante : On écrit sur une même colonne verticale les deux prix extrêmes ; à droite et entre les deux, le prix moyen. Puis on retranche le prix inférieur du prix moyen, et on écrit la différence vis-à-vis le prix supérieur; de même, on retranche le prix moyen du prix supérieur, et l'on écrit la différence vis-à-vis le prix inférieur; on a ainsi les proportions de chacune des valeurs considérées qu'il faut prendre simultanément, en considérant les différences dans l'ordre où elles se trouvent écrites ; ainsi, dans l'exemple considéré, il faudra prendre 3 hectolitres du premier blé, et 2 du second. Il faut donc partager 250 proportionnellement à 3 et à 2, ce qui est la même chose que de le partager en parties inversement proportionnelles à 2 et à 3. En effet, dans ce dernier cas, on doit diviser en parties proportionnelles à $\frac{1}{2}$ et $\frac{1}{3}$, ou $\frac{3}{6}$ et $\frac{2}{6}$; nous avons vu qu'il suffit alors de diviser proportionnellement aux numérateurs.

245. Lorsqu'il s'agit de métaux, et surtout de lingots d'or ou d'argent alliés à du cuivre dans certaines proportions, on donne plus spécialement à la question qui nous occupe le nom de *règle d'alliage*. Nous avons dit ce que l'on appelle titre d'une monnaie ; plus généralement, on appelle *titre* d'un lingot le rapport du poids du métal précieux au poids total du lingot. On peut se proposer de mélanger deux de ces lingots de façon à obtenir un nouveau lingot à un titre moyen entre les deux titres donnés. C'est une question tout à fait analogue à la précédente. Nous allons en prendre deux exemples.

246. PROBLÈME. *On a deux lingots d'argent, l'un au titre de 0,925, et un autre au titre de 0,780; combien faut-il prendre de chacun pour former un lingot unique du poids de 870 grammes au titre de 0,835; c'est-à-dire au titre des monnaies divisionnaires?*

Chaque gramme du premier alliage contient 0,090 d'argent de trop; au contraire, il manque 0,055 d'argent dans chaque gramme du second; par suite, si l'on associe 55 grammes du premier à 90 grammes du second, on aura d'une part un excédant d'argent pesant

$$0,090 \times 55,$$

et d'autre part, il en manquera

$$0,055 \times 90.$$

Il y a donc compensation. On devra donc bien partager 870 en parties proportionnelles à 55 et à 90, la première partie indiquera le poids du premier lingot, et la seconde le poids du second lingot. On trouve 330 grammes du premier et 540 du second.

9.

247. **Problème.** *Combien faut-il ajouter de cuivre à 12 kil. d'argent au titre de 0,900 pour le transformer en argent au titre de 0,835 ?*

On peut considérer le cuivre comme étant au titre 0 par rapport à l'argent ; alors, on est amené à la règle de mélange suivante : Dans quelle proportion faut-il mélanger de l'argent à 0,900 et un lingot à 0,000 pour avoir de l'argent à 0,835. On trouve qu'il faut prendre 835 gr. du premier et 65 du second ; et en effet le poids total est alors 900 ; le poids d'argent est $0,900 \times 835$; donc le titre est $\dfrac{0,900 \times 835}{900} = 0,835.$

$$
\begin{array}{ll}
0,900 & 835 \\
\quad 0,835 & \\
0,000 & 65
\end{array}
$$

Alors, on doit résoudre la règle de trois suivante :

Quand on prend 835 gr. du premier lingot, on en prend 65 du second ; quand on prend 12,000 gr. du premier, combien prendra-t-on du second ? C'est une règle de trois simple et directe, que nous ne faisons qu'indiquer, et qui nous donne comme résultat environ 934 grammes.

RÈGLES DE SOCIÉTÉ.

248. Quand plusieurs personnes se réunissent pour une entreprise, elles forment une société industrielle ; l'entreprise une fois terminée, on doit en partager les bénéfices ou les pertes entre les divers associés ; on suppose évidemment que l'on a commencé par prélever les charges de toutes sortes qui résultent de l'opération elle-même. Ensuite, s'il y a un bénéfice, ce bénéfice peut être considéré comme représentant l'intérêt produit par la mise des associés ; il est juste d'admettre que le taux de cet intérêt est le même pour tous les associés ; alors il peut se présenter deux cas : ou bien le capital total a été versé au début de l'entreprise et est resté engagé pendant toute la durée de cette entreprise ; ou bien, au contraire, les divers capitaux, ou, suivant l'expression employée, les diverses *mises* ne sont pas restées le même temps dans la société. Nous allons montrer que, dans les deux cas, les règles de société sont des règles de répartition proportionnelle.

249. **PROBLÈME.** *Trois personnes se sont associées et ont gagné 360 fr.; la première a mis 500 fr., la seconde 600, et la troisième 700; quelle est la part de chacune dans le bénéfice?*

D'après ce que nous avons dit, la part de chacune représente l'intérêt de son argent au taux commun et pendant la durée de l'entreprise. Or, on sait que, toutes choses égales d'ailleurs, l'intérêt est proportionnel au capital; donc les parts de bénéfice doivent être proportionnelles aux mises, et leur somme est égale à 360; on est donc amené à partager 360 proportionnellement à 500, 600 et 700, ou à 5, 6 et 7. On trouve, en suivant la règle que nous avons indiquée, 100, 120, 140.

250. **PROBLÈME.** *Deux personnes se sont associées; l'une a mis 2300 fr. pour 2 ans, la seconde 1500 fr. pour 18 mois; le gain total est de 1400 fr. Quelle est la part de chacune?*

Evaluons le temps en mois; on sait que l'intérêt d'une somme de 2300 fr. pour 24 mois, à un temps que nous représenterons par R, est $\dfrac{2300 \times 24 \times R}{1200}$;

Au même taux, l'intérêt d'une somme de 1500 fr. pour 18 mois est $\dfrac{1500 \times 18 \times R}{1200}$;

On voit donc que, si on divise la première partie par 2300×24, et la seconde par 1500×18, on obtiendra des quotients égaux; de plus, la somme des deux intérêts est 1400; donc on voit que, dans ce cas encore, on est amené à un partage proportionnel; *on divise le gain total proportionnellement au produit de chaque mise par le temps pendant lequel elle est restée engagée dans la société, tous les temps étant exprimés au moyen de la même unité.*

C'est cette dernière règle que l'on appelle quelquefois la règle de société composée; par opposition, celle qui fait l'objet du problème précédent s'appelle règle de société simple.

Exercices.

91. On a partagé une somme inconnue proportionnellement aux nombres 5, 7 et 31. La première part est 1368 fr. Calcule

les deux autres et la somme ainsi partagée. (*Brevet simple, Algérie.*)

92. 3 négociants achètent en commun 382 mètres de toile pour 859,50. Calculer combien il revient de mètres à chacun, sachant que le premier paie 276^f,75 ; le deuxième 175,50, et le troisième le reste. (*Brevet simple, Ardennes.*)

93. 2 associés ont fait une entreprise. L'un a mis 25640 fr., l'autre 22400 fr. Le premier a reçu 648 fr. de gain de plus que le second. On demande le gain de chacun. (*Concours cantonal, Calvados.*)

94. Un marchand achète 25 hectol. 58 lit. de vin vieux à raison de 42^f,35 l'hectolitre ; il les verse dans un tonneau qui contenait déjà 31 hect. 18 litres de vin nouveau acheté à raison de 24 centimes le litre ; combien devra-t-il vendre le litre de ce mélange pour gagner 316 fr. ? (*Concours cantonal, Jura.*)

95. On fond ensemble 35 pièces de 5 fr. en argent et 54 pièces de 2 fr. Quel sera le titre du lingot obtenu, et quelle quantité d'argent pur faudra-t-il y ajouter pour avoir un lingot au titre de 0,900 ? (*Cert. complet, Baccarat.*)

96. Partager 40 en deux parties telles que la première soit les $\frac{2}{3}$ de la seconde. (*Éc. normale, Toulouse.*)

97. On a acheté deux propriétés coûtant ensemble 84,500 fr. ; le prix de la première est les $\frac{5}{8}$ du prix de la seconde ; quel est le prix de chaque propriété ? (*Cert. d'ét, prim., Gironde.*)

98. Deux personnes se sont partagé un tas de bois de 6^m de long, 0^m,88 de large et 1^m,50 de haut ; la première en a pris les $\frac{5}{8}$ et la seconde le reste ; combien chacune d'elle a-t-elle eu de stères, et quelle somme a-t-elle dû payer, si le tas entier vaut 78^f,60 ? (*Cert. d'ét., Haute-Saône.*)

99. On veut transformer en boisson par l'addition d'une certaine quantité d'eau 360 litres de vin achetés 39 fr. l'hectolitre ; combien faut-il ajouter de litres d'eau pour que le mélange ne revienne qu'à 0^f,13 le litre ? (*Cert. d'ét., Sarthe.*)

100. Un père partage sa fortune entre ses trois fils de façon que leurs parts soient inversement proportionnelles à leurs âges ; les enfants sont âgés de 7, 8 et 12 ans ; l'aîné devant recevoir une somme de 37983^f, quelles seront les parts des deux autres ? (*Dijon, brevet complet.*)

101. Partager 45'fr. entre 1 homme, 3 femmes et 5 enfants de manière que chaque femme reçoive deux fois et demie au-

tant qu'un enfant, et que la part de l'homme soit les $\frac{5}{3}$ de celle d'une femme. (*Brevet simple, Bourg*.)

102. Un lingot d'argent au titre de 0,960 pèse 1603 gr. Quel sera le poids de ce lingot quand on y aura ajouté du cuivre : 1° pour l'amener au titre des pièces de 9 fr. ; 2° pour l'amener au titre des pièces de 1 fr. ; combien donnera-t-il de pièces de chaque espèce ? (*Brevet complet, Bordeaux*.)

103. Une personne qui a fondé un établissement avec un capital de 10000 fr. s'associe une personne 2 mois après ; au bout de l'année, les bénéfices se partagent dans le rapport de 3 à 6. Quelle somme la seconde personne a-t-elle apportée dans l'association ? (*Brevet complet, Paris*.)

104. La valeur réelle d'une chaîne d'or pesant 72 gr. est 231f,90. On sait que le kil. d'or pur vaut 3437 fr. ; quel est le titre de cette chaîne ? (*Brevet sup., Nord*.)

105. On mélange 2900 décilitres de vin à 0,66 le litre avec 39 décalitres de vin à 40 fr. l'hectolitre. On veut gagner en le revendant 0,66 par demi-décalitre ; combien doit-on revendre le litre du mélange ? (*Cert. d'ét. prim., Seine-et-Oise*.)

106. Dans un tonneau de 228 litres, on verse 84 litres de vin à 0f,38 le litre, 133 litres de vin à 0,42, et on achève de le remplir avec de l'eau. Dites à combien reviendra un hectolitre du mélange obtenu. (*Conc. cant., Seine-et-Oise*.)

107. Combien faut-il ajouter d'or pur à 136 gr. d'un alliage d'or et de cuivre dont le titre est 0,846, pour le porter au titre de 0,900 ? (*Brevet complet, Aude*.)

108. On a mélangé du vin à 0f,48 le litre avec du vin à 0,36, et la bouteille de 0l,86 revient à 0f,36. Dans quelle proportion le mélange a-t-il été fait ? (*Brevet simple, Yonne*.)

109. Trois voisins ont logé des troupes, savoir : le premier, 6 h. et 4 chevaux pendant 19 jours ; le deuxième, 8 hommes et 3 chevaux pendant 12 jours ; le troisième, 10 hommes seulement pendant 9 jours. Il leur est accordé une indemnité totale de 180 fr. ; faire la répartition, sachant que 2 chevaux doivent entrer en compte pour un homme seulement. (*Cert. d'ét., Vosges*.)

110. On fond ensemble 1200 pièces de 6 fr. en argent pour en faire de la monnaie divisionnaire au titre de 0,836. Combien pourra-t-on faire de pièces de 1 fr. avec cette quantité d'argent, et quel poids de cuivre faudra-t-il y ajouter ? (*Brevet simple, Haute-Marne*.)

111. Une personne lègue son bien montant à 266000 fr. sous

les conditions suivantes: son neveu aura 2 fois plus que chacune de ses nièces; ses nièces auront chacune 2 fois plus que chacun de ses cousins, ses cousins deux fois plus que ses cousines; combien revient-il à chaque héritier, sachant qu'il y a un neveu, deux nièces, quatre cousins et huit cousines? (*Aspirantes, brevet élémentaire, Paris*).

112. Un terrassement qui a coûté 3400 fr. a été exécuté par trois compagnies: la première, composée de 6 ouvriers, a travaillé pendant 6 jours; la seconde, de 6 ouvriers, a travaillé pendant 12 jours; enfin la troisième, de 4 ouvriers, a travaillé pendant 30 jours; combien revient-il à chaque compagnie? (*Bordeaux.*)

113. Partager 100 fr. entre 3 personnes de façon que la part de la première soit à celle de la seconde dans le rapport de 8 à 6, et que celle de la seconde soit à celle de la troisième dans le rapport de 7 à 4. (*Brevet supérieur, Paris.*)

114. Trois capitalistes ont fait un fonds commun de 200 000^f; le premier a mis $\frac{1}{4}$ de la somme, le second $\frac{1}{3}$ et le troisième les $\frac{6}{12}$ restants. Quelle est la part de chacun dans le bénéfice qui est de 48000 fr.? (*Brevet élém., Paris.*)

115. A quel prix revient le litre d'un mélange de 80 litres de vin à 60 centimes le litre, de 108 litres à 70 centimes et de 60 litres à 66 centimes? (*Cert. d'ét., Seine-Inférieure.*)

116. Un marchand mêle deux espèces de vin: 226 litres à 72 cent. le litre, et 62 litres à 40 centimes; combien doit-il vendre le litre du mélange pour gagner 13 centimes par litre? (*Brevet élément., Marseille.*)

117. On a deux espèces de vin: l'un à 80 cent. le litre, l'autre à 60 cent. le litre; on voudrait faire une pièce de 228 litres de vin à 76 cent. le litre. Combien doit-on en prendre de chaque espèce? (*Brevet élém., Toulouse.*)

118. On a deux lingots d'or aux titres de 0,906 et 0,966. Combien faut-il prendre de grammes de chacun de ces lingots pour en faire un de 100 gr. au titre de 0,930? (*Brevet facult., Nord.*)

119. On a deux lingots d'argent, le premier au titre de 0,960, le second au titre de 0,886. Combien faut-il prendre de chacun d'eux pour avoir 1 kil. d'argent au titre de 0,900? (*Brevet supérieur, Paris.*)

120. On a 8^k,260 d'argenterie au titre de 0,960. Combien faudra-t-il y ajouter de cuivre pour obtenir un alliage propre à faire de la monnaie divisionnaire? (*Aspirantes, Paris.*)

121. Combien faut-il ajouter d'argent pur à 162 gr. d'argent au titre de 0,760 pour obtenir un alliage au titre de 0,860? (*Brevet élém.*, *Seine-et-Oise*.)

Problèmes divers

POSÉS AUX EXAMENS D'INSTITUTEURS ET D'INSTITUTRICES.

122. Un négociant déclaré en faillite ne peut payer que 31 p. 100 à ses créanciers; avec 5000 fr. de plus, il pourrait payer les $\frac{4}{7}$ de ce qu'il doit. Quel est son actif et quel est son passif? (*Bordeaux.*)

123. Un négociant a acheté 15 hectolitres de vin qui lui ont coûté 980 fr. d'achat, 78^f,75 d'entrée et 33^f,65 de transport; il vend ce vin 95 centimes le litre; combien gagne-t-il par litre et sur la totalité? (*Dijon.*)

124. Un négociant achète 30 barils d'huile d'olives contenant chacun 122 litres, à raison de 320 fr. les 100 kilogr. Combien gagne-t-il sur son achat, s'il vend cette huile 4^f,20 le kilogr., sachant qu'il y a 6 litres de perte sur chaque baril et que l'hectolitre d'huile pèse 91^k,5? (*Aix.*)

125. On a deux sortes de vin; l'hectolitre du premier peut être cédé au prix de 93^f,25 payables dans 80 jours; l'hectolitre du second est évalué à 65^f,50, payables dans 30 jours; combien faut-il prendre de chacun d'eux pour composer 105 hectolitres d'un mélange qui puisse être cédé sans perte ni gain, à 75^f,20 l'hectolitre, payables dans 90 jours. Taux de l'escompte, 6 p. 100 par an. (*Brevet complet, Vienne*.)

126. Un fonctionnaire qui a joui pendant les six dernières années de ses fonctions d'un traitement moyen de 4000 fr., prend sa retraite à 60 ans, et il a 41 ans de service; or, à 30 ans de service, il a droit à la moitié de son traitement pour retraite, et pour chaque année de service de plus on ajoute $\frac{1}{60}$ de son traitement. Quel sera le montant de sa retraite? (*Aspirants, Paris*.)

127. Un éditeur publie un livre; les frais d'impression et autres s'élèvent à 2000 fr. : il vend ce livre par douzaine, en faisant d'abord la remise de 25 p. 100 sur le prix fort qui est de 4 fr., puis la remise du treizième (13 exemplaires pour 12); dans ces conditions, il gagne 5200 fr. lorsque l'édition est épuisée; à combien d'exemplaires l'ouvrage a-t-il été tiré? (*Lyon.*)

128. On voudrait partager 360 fr. entre trois personnes de façon que la part de la seconde fût avec celle de la première dans le rapport de 11 à 7, et que celle de la seconde fût avec celle de la troisième dans le rapport de 4 à 9. Quelle est la part de chaque personne ? (*Brevet de capacité.*)

129. Une première compagnie d'ouvriers a fait 416 mètres d'ouvrage en 13 jours ; une seconde compagnie a pu en faire 840 mètres en 21 jours. Sachant qu'il y avait en tout 576 ouvriers, calculer le nombre d'ouvriers de chacune des deux compagnies. (*Brevet complet, Bordeaux.*)

130. Les mises de deux associés ont été de 30000 fr. et 46000 fr. ; sachant que la première mise est restée 5 mois dans la société, et la seconde 7 mois, et que le premier associé a reçu 10040 fr. pour sa part, trouver le bénéfice total. (*Brevet, Paris.*)

131. A quel prix revient le litre d'un mélange de 140 litres de vin à 38 fr. l'hectolitre ; 82 litres à 76 fr. les 220 litres et 214 litres à 0^f,76 le litre ? Combien devrait-on vendre le litre de ce mélange pour gagner 14 fr. par hectolitre ? (*Brevet complet, Seine-et-Oise.*)

132. On fond ensemble deux lingots d'argent, l'un au titre de 0,830 et pesant 460 grammes, l'autre du poids de 314 grammes au titre de 0,740. Quel sera le titre du lingot résultant ? (*Brevet élémentaire, Toulouse.*)

133. Un négociant en vins, qui revend la marchandise achetée 10 p. 100 de plus qu'elle ne lui coûte, achète une première qualité de vin à 48 fr. l'hectolitre et une seconde qualité à 60 fr. l'hectolitre ; il se propose de faire un mélange de ces vins pour former une barrique de la contenance de 605 litres qu'il vendra à raison de 60 centimes le litre. Quelle proportion de chaque vin le négociant devra-t-il prendre pour gagner, comme il a été dit, 10 p. 100 sur le prix d'achat ? (*Bordeaux.*)

134. Une bourse contient une somme pesant 750 grammes ; la moitié de la somme est en or et le reste en argent ; quelle est cette somme ? (*Ec. normale, Bourg.*)

135. Le prix des places en chemin de fer est ainsi réglé par personne et par kilomètre : 1re classe 0^f,10 ; 2e classe 0^f,075 ; 3e classe, 0^f,055. Trois voyageurs partent de la même station et se rendent à la même destination ; celui de 2e classe paye 2^f,50 de moins que celui de 1re classe et 2 fr. de plus que celui de troisième. A quelle distance chacun des voyageurs se rend-il, et combien a-t-il dû payer pour le trajet ? (*Brevet de capacité, Paris.*)

136. Une personne possède une fortune de 120000 fr. et dé-

pense tous les ans 1500 fr. de plus que son revenu ; une autre personne possède 70000 fr. et fait chaque année 500 fr. d'économie ; on demande au bout de combien d'années les fortunes des deux personnes seront égales ? (*École d'arts et métiers.*)

137. Un marchand a vendu les $\frac{3}{4}$ d'une pièce d'étoffe à un premier acheteur, puis les $\frac{2}{3}$ du reste à un second. Le coupon qui reste ensuite a une longueur de 2^m,77 et est vendu 72^r,45. On demande la longueur de la pièce et sa valeur, d'après le prix du dernier coupon ? (*Agen, Aspirantes.*)

138. Combien faut-il allier de cuivre à 9^k,40 d'argent, pour faire des pièces de 5 fr. ? Quelle somme représenteront toutes ces pièces, si l'on ne tient pas compte des frais de fabrication ? (*Cert. d'ét., Drôme.*)

139. Un épicier achète 2 barils d'huile contenant chacun 120 litres, à 165 fr. l'hectolitre ; il paie en outre 0^r,05 de frais par litre, et subit un déchet estimé 2^r,50 par baril. Il revend cette huile 2^r,05 le kilogr. ; quel est son bénéfice si un litre d'huile pèse 900 grammes? (*Cert. d'ét., canton de Moret.*)

140. Un voyageur fait 5 hectomètres en 4 minutes, et un second 6 hectomètres en 5 minutes ; quel est celui qui marche le plus vite, et combien fait-il de chemin de plus que l'autre dans une journée de 8 heures de marche? (*Cert. d'ét. de Poitiers.*)

141. Un propriétaire a vendu les $\frac{5}{9}$ de sa récolte de vin ; il lui en reste encore pour 2785^r,60 ; combien a-t-il récolté de tonneaux de vin de 860 litres chacun, le prix de l'hectolitre était de 24^r,50? (*Cert. d'ét., Angoulême.*)

142. Lorsque le vin valait 23 fr. l'hectolitre, un ménage en consommait par année 6^h,2. Le prix s'est élevé à 38 fr. l'hectolitre ; on a diminué la consommation et cependant la dépense s'est accrue de un huitième. De combien de litres la consommation annuelle a-t-elle été diminuée? (*Brevet simple, Foix.*)

143. Les frais de culture d'un hectare de terre ensemencée en blé se sont élevés à 185 fr. ; dans cet hectare, le cultivateur a récolté 17 hectolitres de blé, et il a vendu pour 24 fr. de paille. Combien doit-il revendre le double décalitre pour gagner 2^r,13 par are. (*Conc. cant., Orne.*)

144. Un train part de Paris pour Marseille à 6^h,30 du matin et passe à Lyon à 10^h,30 du soir. Un autre train part le même jour, de Marseille pour Paris, à 7^h,15 du matin, et passe à

Avignon à 10ʰ,41 du matin. La distance de Paris à Marseille est de 863 kilom., celle de Paris à Lyon de 512 kilom., et celle de Marseille à Avignon de 120 kilom. ; à quelle heure et à quelle distance de Paris les deux trains se rencontrent-ils ? (*Brevet simple, Mendes.*)

145. Trois personnes veulent se partager 4262 fr. ; la deuxième doit avoir 300 fr. de plus que la première, et celle-ci 500 fr. de moins que la troisième. Combien chaque personne aura-t-elle ? (*Éc. norm., Parthenay.*)

146. Une personne achète une propriété qui lui revient tout compris, à 40000 fr. Les droits d'enregistrement s'élevant à 5,50 p. 100 du prix d'achat et en plus le double décime ; les honoraires du notaire montant à 0ᶠ,75 p. 100 du prix d'achat, on demande le prix d'achat porté au contrat, les droits d'enregisment et les honoraires du notaire. (*Brevet supérieur, Lot.*)

147. La salure des différentes mers n'est pas la même pour toutes. Ainsi, tandis que 1 kilog. d'eau de l'océan Atlantique renferme 251 décigr. de sel marin, 1 kilog. d'eau de la mer Morte renferme 11 décag. de ce sel. On demande quel est le poids du sel marin contenu dans 100 litres d'eau de chacune de ces deux mers, sachant que le poids spécifique de l'eau de l'océan Atlantique est 1,0286, et que celui de l'eau de la mer Morte est 1,9091. (*Brevet de capacité, Paris.*)

148. Une ménagère a acheté pour 66ᶠ,70 un coupon de toile ayant 24 mètres de longueur et 26 mètres de calicot ; elle aurait dû dépenser 68ᶠ,30 pour 26 mètres de toile et 24 mètres de calicot ; on propose de déduire de ces données les prix d'un mètre de chacune de ces étoffes. (*Aspirantes, Bourg.*)

149. Un fonctionnaire touche chaque mois 253ᶠ,33, déduction faite du vingtième destiné à la caisse des retraites. Quel est son traitement annuel ? (*Cert. d'ét., Côte-d'Or.*)

150. Un marchand a acheté 4 pièces de vin pour 630 fr. ; il en a revendu un baril de 55 litres pour 36ᶠ,30. On demande combien chaque pièce contient de litres, sachant que le marchand gagne ainsi 3 fr. par hectolitre. (*Cert. d'ét., Paris.*)

151. Une personne partage sa fortune en parties proportionnelles à 3, 7 et 9. Elle place la première partie à 4 p. 100, la seconde à 4,50 p. 100 et la troisième à 5 p. 100. Le revenu annuel ainsi constitué est de 1,520 fr. Quel était l'avoir de cette personne ? (*Brevet de capacité, Paris.*)

152. Un fermier a cultivé un champ de 3 hectares 60, qui lui a été loué à raison de 70 fr. l'hectare ; il paye, en outre, l'impôt qui est de 5ᶠ,50 par hectare. Il a employé par hectare 150 litres de semence à 21 fr. l'hectolitre et une quantité de

fumier évaluée 86 fr. Les frais de culture se sont élevés à 64 fr. par hectare, et le fermier a supporté en outre 8^f,80 de frais divers par hectolitre de blé récolté. Le champ a produit 66 hectol. On demande combien chaque hectolitre coûte au fermier, et quel prix il doit les vendre pour gagner 20 p. 100 sur l'argent qu'il a déboursé. (*Brevet de capacité, Paris.*)

153. Un entrepreneur, pour faire une tranchée, s'adresse à quatre groupes d'ouvriers. La première terminerait l'ouvrage en 12 jours, la deuxième en 18 jours, la troisième en 20 jours et la quatrième en 24 jours. Il prend la moitié de la première troupe, le tiers de la deuxième, le quart de la troisième et le cinquième de la quatrième. Toutes ces fractions de troupes réunies, en combien de jours l'ouvrage sera-t-il terminé? (*Brevet de capacité, Montpellier.*)

154. Un marchand vend les $\frac{4}{7}$ d'une pièce de drap à raison de 14^f,50 le mètre. Il constate qu'il lui reste $\frac{1}{9}$ de la pièce, plus 8 mètres, et il offre ce coupon à un client à raison de 12 fr. le mètre. On demande quelle est la longueur totale de la pièce, et le prix de cette pièce. (*Brevet, Nancy.*)

155. Une personne a acheté 342^m,35 de drap à raison de 19^f,20 le mètre; elle veut, en les revendant, réaliser un bénéfice de 600 fr. sur le tout; les $\frac{7}{9}$ de l'achat ont déjà été vendus à raison de 20^f,15 le mètre; quel doit être le prix du mètre pour ce qui reste à vendre? (*Brevet de capacité, Besançon.*)

156. Deux trains partent le matin de Besançon pour Paris, le premier à 5^h,20 en faisant 30 kil. à l'heure; le second à 7^h,45, en faisant 45 kil. à l'heure. A quelle distance de Besançon et à quelle heure le second train atteindra-t-il le premier? (*Brevet de capacité, Besançon.*)

157. Quelle est, en or monnayé, la somme qui contient autant de cuivre qu'une somme de 782 fr. en argent monnayé au nouveau titre? (*Brevet, Toulouse.*)

158. Une somme a été placée à un taux tel que, au bout de 11 mois, le capital et les intérêts simples se sont élevés à 6302,60, et après 2 ans $\frac{1}{2}$, à 6825 fr. Quel est le capital, et à quel taux a-t-il été placé? (*Rennes.*)

159. Un cultivateur a acheté, à raison de 0^f,45 le mètre carré, une pièce de terre dont la surface est 5^{h}38^{a}20^{ca}; il a ensemencé cette pièce en colza; les frais de culture se sont élevés à 70 fr.

les 42 ares; la récolte en colza a produit 110 hectolitres, 40 que l'on a vendu 0f,25 le litre. On demande ce que lui rapporte pour cent cette propriété, déduction faite des frais de culture. (*Brevet, Chambéry.*)

160. On place successivement à 17 mois $\frac{1}{2}$ d'intervalle deux capitaux à intérêt simple; le premier de 6000 fr. à 4 1/4 p. 100 par an, le deuxième de 6400 fr. à 5 p. 100. On demande combien de temps après le premier placement ces deux capitaux auront rapporté le même intérêt. (*Dijon.*)

161. Une personne place $\frac{1}{4}$ de sa fortune à 3 p. 100, les $\frac{2}{5}$ à 4 p. 100, et le reste à 6 p. 100. Au bout de trois mois, elle retire, pour les intérêts réunis de ces trois parties, 4000 fr. Quel capital avait-elle, et quelles sont les sommes placées à chaque taux? (*Toulouse.*)

162. Un marchand qui a acheté un fonds de magasin s'est engagé à le payer comme suit : $\frac{1}{4}$ dans 60 jours, le tiers du reste, 80 jours après le paiement; les $\frac{2}{3}$ du nouveau reste, 70 jours après le deuxième paiement; enfin le solde, qui est de 4100, 60 jours après le troisième paiement. On demande : 1° le prix du fonds; 2° l'échéance commune de tous ces paiements. (*Nancy.*)

163. Un cultivateur, voulant creuser un fossé de 1820 mètres de long, a à sa disposition : 1° 3 ouvriers qui pourraient à eux trois le creuser en 30 jours; 2° 4 ouvriers qui pourraient le creuser en 25 jours; 3° 10 ouvriers qui pourraient le creuser en 16 jours. Pour aller plus vite, il les emploie tous; combien de temps durera le travail, et combien chaque ouvrier creusera-t-il de mètres ? (*Laon.*)

164. Deux personnes ont fait une association pour 4 ans, la première a mis au commencement 6000 fr. et la deuxième au commencement de la seconde année 7000 fr. La première au commencement de la troisième année a retiré 2000 fr. et la seconde, au commencement de la quatrième année, 3000 fr. Le bénéfice a été de 10000 fr., quelle est la part de chaque personne ? (*Bordeaux.*)

165. Un testateur a laissé 100000 fr. à ses trois neveux, âgés respectivement de 30, 29 et 20 ans; il ordonne que cette somme soit partagée en raison inverse de l'âge de ses héritiers; on demande la part de chacun. (*Poitiers.*)

166. Une personne a deux sacs de café. Le premier, qui contient 8 kil. de moka contre 7 de martinique, a coûté 69^f,10 ; le second, renfermant 4 kil. de moka contre 3 de martinique, a coûté 28^f,10. Calculer le prix du kilog. de chaque espèce de café. (*Aspirantes, Clermont.*)

167. Un voyageur arrive à Bade avec une somme de 4000 fr. Combien recevra-t-il de ducats en échange, sachant que le ducat est une pièce d'or au titre de 0,980, qu'il pèse 3^g,490 ; que le gramme d'or vaut 3^f,437, et que le changeur prélève 1 p. 100 pour son bénéfice? (*Paris.*)

168. L'alliage employé dans la fabrication des cloches est composé de 8 parties de cuivre et 2 d'étain. Le cuivre vaut 4^f,75 le kilog., et l'étain 5^f,29. Les frais de fabrication et d'installation s'élèvent à 10 p. 100 du prix de la matière. On demande la somme déboursée par une commune qui a fait installer une cloche pesant 1345 kilog. (*Lille.*)

169. Un capital placé à $4\frac{2}{3}$ pour 100 par an a produit au bout de 15 ans 8 mois un intérêt qui a été employé au paiement d'une vigne de 1^{ha} 5^a 28^{ca}, vendue 0^f,50 le mètre carré. Quel est ce capital? (*Dijon.*)

170. Un sac renferme 6^k,4 de monnaie d'or et d'argent; un tiers de la somme est en or. Quelle est la somme contenue dans le sac? (*Lyon.*)

171. Un marchand de grain a acheté une certaine quantité de froment, il en a vendu un quart à 5 p. 100 de bénéfice, un second quart à 15 p. 100 de bénéfice ; enfin il a vendu les deux autres quarts à $4\frac{2}{3}$ p. 100 de perte. En fin de compte il a gagné 500 fr. Combien lui avait coûté son achat? (*Paris.*)

172. Un négociant a acheté: 1° 150 hectol. de blé à 18 fr. l'hectolitre; 2° 100 hectol. qui lui ont coûté 10 p. 100 plus cher que les premiers. Il a revendu le tout 23^f,63 l'hectol. Combien a-t-il gagné pour 100? (*Toulouse.*)

173. Quelle est la contenance en litres d'un vase qui vide est équilibré par une somme de 45 fr. en argent et qui plein d'eau est équilibré par une somme composée de 775 fr. en or, 25 fr. en argent et 17^f,50 en billon ? (*Paris.*)

174. On a fondu 144 grammes d'or au titre de 0,950 avec un nombre inconnu de grammes d'un alliage au titre de 0,700. Calculer ce nombre, sachant que le titre de l'alliage est de 0,770. (*Limoges.*)

175. Une tasse à café en or, avec sa soucoupe, au titre de

0,920, pèsent ensemble 274 grammes. Quel est le prix de ces deux objets, le gramme d'or valant 3^f,437. (*Paris.*)

176. Une machine à coudre, coûtant 384 fr., faisant le travail de trois ouvrières gagnant chacune 1^f,15, est mise en mouvement par une seule ouvrière gagnant 1^f,50 par jour. Au bout de combien de temps aura-t-on économisé le quart du prix d'achat, grâce aux journées que l'on paie en moins ? (*Douai.*)

177. Un bloc de glace a un volume de 6^{dc},3. On demande son poids, sachant que lorsque l'eau passe à l'état de glace, son volume augmente de $\frac{1}{14}$. (*Paris.*)

178. Sachant que l'argent pur pèse, à volume égal, dix fois et demi plus que l'eau, dire quel est le nombre de pièces de 5 fr. que l'on peut fabriquer avec un lingot d'argent pur ayant un volume de 166 centimètres cubes. (*Lyon.*)

179. Une guinée d'or d'Angleterre pèse 8^{gr},38 et est au titre de 0,917. Quelle est sa valeur, sachant que le kilog. d'or pur vaut 3444^f,44 ? (*Paris.*)

180. Un alliage d'or et de cuivre est au titre de 0,915 et pèse 128 grammes. Combien faudra-t-il y ajouter de cuivre pour abaisser son titre à 0,840 ? On calculera le poids du cuivre à $\frac{1}{2}$ milligramme près. (*Lyon.*)

181. Partager 720 en trois parties telles que la plus grande soit égale à trois fois la moyenne et celle-ci au double de la plus petite. (*Bordeaux.*)

182. On achète 39 sacs de blé qu'on ne paie qu'au bout de 3 ans ; à cette époque on doit, capital et intérêts calculés à 5 p. 100, une somme de 1255^f,80. Dire le prix d'achat du sac de blé. (*Paris.*)

183. Un banquier a escompté à 5 p. 100 un billet payable dans 9 mois, et a donné 3339^f,75. Quel était le montant du billet. (*Lyon*)

184. On a deux billets, l'un de 400 fr., payable dans 6 mois, l'autre de 800 fr. payable dans 4 mois. On veut réunir ces deux billets en un seul payable dans 11 mois. Quel sera le montant du billet, le taux de l'escompte étant à 6 p. 100 ? (*Paris.*)

185. Diviser 4707 proportionnellement à $\frac{2}{3}$, $\frac{3}{4}$ et $\frac{5}{6}$. (*Paris.*)

186. On a mélangé ensemble 28 litres d'huile d'olives à 1^f,25 le litre et 45 litres d'huile d'œillette à 0^f,80. Combien faudra-t-il vendre le litre du mélange pour gagner 15 p. 100 sur le prix d'achat ? (*Dijon.*)

187. Un marchand a acheté pour 2560 fr. de marchandises ;
il a un an pour payer, et bénéficie d'un escompte de 4 p. 100
par an, s'il paie avant le terme fixé. Il se libère avec 2480ᶠ,64.
Au bout de combien de temps s'est-il acquitté ? (*Paris.*)

188. Combien devra-t-on louer une terre achetée 84950ᶠ,50
pour qu'elle rapporte autant que si la même somme avait été
employée à acheter de la rente 4,5 p. 100 au cours de 91,75 ?
(*Paris.*)

189. Le 1ᵉʳ janvier, un négociant a souscrit trois billets, l'un
de 2100 fr., payable le 20 avril, le second de 2400 fr., payable
le 12 mai, et le troisième de 2800 fr., payable le 31 mai. Il
veut les remplacer par un billet unique de 7300 fr. Quel sera
le jour de l'échéance de ce billet? (*Paris.*)

190. Un fonctionnaire dont le traitement est de 4200 fr.
économise les $\frac{2}{7}$ de ce traitement, et les place à la fin de chaque année à intérêts simples à 4,5 p. 100 ; à la fin de la cinquième année, il emploie les sommes qu'il a économisées et
les intérêts qu'elles lui ont rapportés à acheter du 5 p. 100 au
cours de 102,24. Quel revenu obtient-il ainsi? (*Lyon.*)

191. Une vigne d'une contenance de 1ʰᵃ,1508 a été achetée à
raison de 0ᶠ,60 le mètre carré. Elle a donné 18 pièces de vin
de 220 litres chacune qui ont été vendues à raison de 35 fr.
l'hectolitre. Mais il y a une dépense pour l'engrais et la main-
d'œuvre, de 225 fr. par hectare. Était-il plus avantageux de
placer son argent à 5 p. 100 par an ?.(*Dijon.*)

192. Un particulier doit aujourd'hui 3500 fr. : il désire s'acquitter en 3 paiements égaux effectués en 4 mois, 8 mois et 1
an. Quel sera le montant de chaque billet? (*Paris.*)

193. Une personne loue toutes ses propriétés pour une somme
de 1895 fr. par an, et les impôts qui restent à sa charge montent à 114ᶠ,60. En supposant que le revenu net de la propriété
s'élève à 2ᶠ,75 p. 100, on demande la valeur de la propriété.
(*Lyon.*)

194. On a deux paiements à faire, l'un de 12600 fr., payable
dans 4 ans 6 mois, l'autre de 27400 fr., payable dans 6 ans et
8 mois. On voudrait s'acquitter en une seule fois par un paie-
de 40000 fr. A quelle époque devra-t-on faire ce paiement en
tenant compte de l'intérêt de $4\frac{1}{2}$ p. 100? Montrer que le résultat est indépendant du taux de l'intérêt. (*Paris.*)

195. On place au même taux 437 fr. pendant 2 ans et 4 mois,
et 612 fr. pendant 3 ans et 7 mois ; la différence des intérêts
qui se rapportent aux deux sommes est 70ᶠ,40. Quel est le taux
du placement? (*Brevet facultatif, Paris.*)

196. Un marchand veut faire un sac de farine pesant 75 kil., il met de la farine à 0ᶠ,62 le kilog. et de la farine à 0ᶠ,70 le kilog., de façon que le sac coûte 48ᶠ,75. Combien doit-il prendre de kilog. de chaque espèce ? (*Besançon.*)

197. Partager une somme de 38540 fr. entre 3 enfants, âgés, le premier de 7 ans, le second de 10 ans et 6 mois, le troisième de 15 ans, de façon que, en plaçant chaque part à intérêts simples, à 4,5 p. 100, chaque enfant reçoive, à l'âge de 20 ans, la même somme, capital et intérêts réunis. (*Paris.*)

198. Deux nombres sont tels que le tiers de l'un égale les $\frac{4}{5}$ de l'autre, et leur différence est 21. Quels sont ces deux nombres ? (*Paris.*)

199. Une personne vend 2400 fr. de rente 3 p. 100 au cours de 79,75 pour acheter du 5 p. 100 au cours de 104,70. Quel est son nouveau revenu ? (*Lyon.*)

200. Combien faut-il mélanger de litres de vin à 0ᶠ,85 le litre avec 369 litres de vin à 1ᶠ,22 pour obtenir un mélange au prix de 1 fr. le litre ? (*Paris.*)

201. Deux lingères économisent, l'une le tiers, l'autre le quart de leurs gains journaliers ; au bout de l'année, leurs économies réunies se montent à 400 fr. Combien chacune d'elles a-t-elle gagné dans l'année, sachant que leurs gains de l'année réunis s'élèvent à 1,350 fr.? (*Aspirantes, Besançon, 1878.*)

202. Une boîte a 0ᵐ,148 de large, 0ᵐ,185 de long et 0ᵐ,0405 de haut; on y range par piles verticales des pièces de 5 fr., dont le diamètre est 0,037 et l'épaisseur 0,0025. On demande : 1° combien la boîte contient de ces pièces, et quelle est la somme ainsi obtenue ; 2° quel est, en millimètres cubes le vide entre les pièces, sachant qu'un décimètre cube d'alliage monétaire pèse 10ᵏ,28. (*Aspirants, Alger, 1879.*)

203. Pour creuser une tranchée de chemin de fer, un premier groupe d'ouvriers fait 4,500 m. de terrassement en 30 jours ; un autre groupe d'ouvriers fait 3,420 m. en 27 jours. Le nombre total de ces ouvriers est 415 ; on demande combien chacun des groupes renferme d'ouvriers. On suppose que les ouvriers sont de même force et que le travail présente la même difficulté dans les deux chantiers. (*École normale, Amiens, 1878.*)

204. 215 hectolitres de blé, achetés au moment de la récolte, à raison de 22 fr. 05 l'hectolitre pesant 80 kil., ont été revendus plus tard, avec un bénéfice de 9¼ p. 100. Le blé s'étant desséché et ayant perdu 4 kilogr. de son poids par hectolitre, on demande : 1° à quel prix on a vendu le quintal métrique ; 2° le bénéfice total. (*Aspirants, Poitiers, 1878.*)

205. On doit une somme de 2,107 fr., et l'on veut se libérer en trois paiements égaux, effectués de 4 mois en 4 mois ; quel doit être le montant de chaque paiement, si l'on compte les intérêts simples à 6 p. 100 par an. (*Cert. d'ét., Haute-Marne,* 1879.)

206. Quel capital représente une rente de 195 fr. en 4 ½ p. 100 au cours de 91 fr. 75? Quelle sera l'augmentation que recevra le capital si le cours de la rente s'élève à 95 ; en d'autres termes, quel sera le bénéfice réalisé par le banquier s'il vend ses titres de rente à 95 fr. ? (*Cert. d'ét., Haute-Marne,* 1879.)

207. Une personne a acheté 20 kil. de groseilles pour faire des confitures, on demande combien elle devra employer de sucre et combien elle obtiendra de confitures, sachant : 1° qu'il faut 830 gr. de sucre par litre de jus ; 2° que 7 kilogr. de groseille rendent 5 litres de jus ; 3° que 1 litre de jus pèse 970 gr., et perd ⅛ de son poids par la cuisson. (*Poitiers, aspirants,* 1878.)

208. Une pièce de toile vendue à raison de 3 fr. 25 le mètre carré a été payée 148 fr. 20. Sa longueur est de 38 mètres ; on demande quelle est sa largeur. (*Brevet* 1er *ordre, Creuse,* 1879.)

209. On veut payer le 1er juillet une dette de 675 fr. avec un billet de 578 fr. dont l'échéance est au 15 octobre. Quelle somme faut-il y ajouter, le taux de l'escompte étant de 5 ½ p. 100 ? (*Brevet* 1er *ordre, Creuse,* 1879.)

210. Un boulanger paie 24 fr. 75 un hectolitre de blé du poids de 78 kgr. Après mouture, cet hectolitre de blé a donné 12 p. 100 de son poids de son, 86 p. 100 de farine, et il y a eu 2 p. 100 de perte. Le son est vendu à raison de 15 fr. les 100 kilogrammes. La farine, transformée en pain, a absorbé, après cuisson, 35 p. 100 de son poids d'eau. Ce pain a été vendu 0,35 le kilogr. On demande défalcation faite de ce qu'a coûté l'hectolitre de blé, ce qui reste au boulanger pour payer les frais de fabrication et pour constituer son bénéfice. (*Bourses d'enseignement primaire supérieur,* 1879.)

211. Un champ de 3 hectares 9 ares de superficie est couvert d'une couche de neige de 35 centimètres d'épaisseur. On demande : 1° Quel est en mètres cubes le volume de cette neige; 2° Quel est le nombre de kilogrammes d'eau qu'elle produira par sa fusion ; 3° Quelle devrait être l'épaisseur de la couche pour que l'eau provenant de sa fusion représentât un poids de dix mille tonnes? On supposera qu'un décimètre cube de neige pèse 780 grammes. (*Bourses d'enseignement primaire,* 1879.)

212. Un capital produit pendant 3 ans et demi un intérêt de 4 p. 100. On le retire et on le place avec les intérêts échus dans un commerce qui procure 8 p. 100, ce qui donne un revenu de 2950 fr. Trouver le capital placé primitivement. (*Brevet de capacité, Agen*, 1878.)

213. On fait paver une cour rectangulaire de 15^m,60 de longueur et dont la largeur est égale aux $^2/_3$ de la longueur ; on se sert de pavés de forme carrée ayant 0^m,18 de côté. On demande le montant de la dépense totale sachant : 1° que le mille de pavés coûte 140 fr. ; 2° que la main-d'œuvre revient à 4 fr. 25 le mètre carré, fourniture de sable comprise. (*Cert. d'études, Côtes-du-Nord*, 1879.)

214. L'eau de l'Océan contient 2,5 p. 100 de sel ; le travail des marais salants permet d'extraire les 80 centièmes du sel contenu dans l'eau ; combien faut-il de litres d'eau pour l'extraction de 10 kilogr. de sel, consommation moyenne annuelle de chaque habitant en France ? On sait que 40 centièmes d'eau de mer pèsent 41 grammes. (*Aspirants, Creuse*, 1879.)

215. Un orfèvre fond un bracelet de 252 grammes au titre de 0,750 avec 124 gr. d'or fin et 18 gr. de cuivre. Quel sera le titre du nouvel alliage et combien pourra-t-on fabriquer avec cet alliage d'épingles pesant 4 centigrammes ; quel sera le poids d'or contenu dans chaque épingle ? (*Brevet 1er ordre, Creuse*, 1879.)

216. On a acheté du bois, soit à 15 fr. 50 le stère, soit à 1 fr. 50 le quintal métrique. Quel est le système le plus profitable à l'acheteur, sachant que le bois ne pèse que les 0,82 de l'eau à volume égal ? (*Certificat d'études primaires, Eure-et-Loir*.)

217. Un agriculteur a dépensé 3,800 fr. pour améliorer une propriété de 4 hectares 86 ares qu'il a payée à raison de 100 fr. les 3 ares ; il revend cette propriété 50 fr. l'are. Combien gagne-t-il pour cent sur ce qu'il a déboursé ? (*Écoles rurales, Canton de Genève*.)

218. Trois héritiers ont à se partager une prairie de 273 ares de façon que la part du second soit les $^2/_3$ de celle de l'aîné, et celle du troisième les $^3/_4$ de celle du second. Quelle sera la part de chacun ? (*Creuse*, 1878.)

219. Une commune emprunte pour la construction d'une maison d'école une somme de 20,000 fr. qu'elle s'engage à rembourser en cinq paiements égaux et annuels, le taux de l'intérêt étant de 4 p. 100. On demande la valeur de chaque annuité. On suppose les intérêts simples. (*Brevet complet, Haute-Marne*, 1878.)

220. Une personne doit recouvrer trois billets : le premier est de 3,500 fr. et payable le 15 novembre 1878 ; le second, de 4,200 fr., payable le 31 décembre ; le troisième, de 3,700 fr., est payable le 25 mars 1879 ; elle les porte le 1er mars 1878 à un banquier, qui veut bien les escompter et lui paye 9,974 fr. 40. Quel est le taux de l'escompte ? (*Brevet facultatif, Toulouse.*)

221. Dans quelle proportion faudrait-il allier l'or et l'argent pour que la monnaie pesât autant de grammes qu'elle vaut de francs ? On résoudra la question : 1° en supposant la monnaie formée d'or et d'argent pur ; 2° en supposant qu'elle renferme $\frac{1}{10}$ de son poids de cuivre. (*Aspirants, brevet supérieur, Foix, 1878.*)

222. Un litre d'eau de mer pèse 1,026 gr., et contient 27 gr. de sel ; on demande à quel volume il faut réduire par l'évaporation 200 litres d'eau de mer pour que le liquide nouveau renferme 15 p. 100 de son poids de sel. (*Brevet simple, Lille, 1878.*)

223. Que doit-on payer pour expédier à 160 kilomètres une caisse d'une contenance de 675 décimètres cubes, pesant vide 12 kgr. et demi ; on la remplit d'objets occupant chacun 51 centimètres cubes ; la centaine de ces objets pèse 2 kilogr. et demi, et l'on paie 0 fr. 48 par kilomètre et par quintal. (*Yonne, 1879.*)

224. Pour planter une vigne de 3 hectares 78, on a dépensé 4,869 fr. 55. On demande quel était le salaire journalier des ouvriers employés à ce travail, sachant qu'on a mis un plant par mètre carré, que les plants avaient coûté 14 fr. 75 le mille, et que 32 ouvriers ont été employés à cette besogne pendant 49 jours. (*Baccarat.*)

225. On extrait 53 kilogr. d'amidon de 100 kilogr. de froment ; l'hectolitre de froment pèse 78 kilogr., et un hectare de terrain donne en moyenne 4363 litres de froment. On porte à une usine d'amidon la récolte de 2 hectares 33 centiares. Trouver le poids d'amidon qu'on pourra en retirer. (*Grenoble.*)

226. Un négociant doit trois billets portant la même somme et payables, le premier dans 4 mois, le second dans 9 mois, le troisième dans un an et 2 mois. Il s'acquitte en payant comptant une somme de 1780 fr., et en souscrivant un nouveau billet de 865 fr. payable dans trois mois ; quelle était la valeur des premiers billets ? L'escompte se fait en dehors, et au taux de 6 p. 100 par an. (*Brevet complet, Lozère, 1878.*)

227. On a placé les $\frac{2}{3}$ d'un capital à 5 p. 100, et le reste à 4,5 p. 100. On a retiré au bout de l'année 15,723 fr. capital et intérêts réunis. Trouver le capital. (*Grenoble.*)

228. Un épicier a acheté 4 tonnes d'huile contenant chacune 115 litres, à 160 fr. l'hectolitre. Il paie en outre o fr. o5 de frais par litre, et subit un déchet de 2 l. 5o par tonne. Il revend cette huile 2 fr. le kilogr. Quel sera son bénéfice, sachant qu'un litre d'huile pèse 9oo grammes. (*Semur*, 1878.)

229. Un lingot d'argent et de cuivre pesant 17 kilogr. est au titre de o,8oo ; un autre lingot, formé des mêmes métaux, pèse 13 kilogr., et il est au titre de o,92o. On propose de retirer un même poids de chaque lingot, de manière que les deux lingots restant, fondus ensemble, donnent un alliage au titre de o,84o. (*Aspirants, brevet supérieur, Épinal, 1877.*)

FIN

TABLE DES MATIÈRES

Introduction.   1
Chap. I.   Numération.   5
Chap. II.   Addition et soustraction des nombres entiers.   11
Chap. III.   Multiplication des nombres entiers.   18
Chap. IV.   Division des nombres entiers.   31
Chap. V.   Des nombres décimaux.   41
Chap. VI.   Le système métrique.   50
Chap. VII.   Les nombres complexes.   62
Chap. VIII.   La divisibilité.   70
Chap. IX.   Les fractions.   83
Chap. X.   Règles de trois.   101
    Exercices sur des règles de trois.   109
Chap. XI.   Application des règles de trois simples ; percentage,
    rentes, etc.   112
    Exercices.   123
Chap. XII.   Application des règles de trois composées, intérêt,
    escompte, etc.   126
    Exercices.   145
Chap. XIII.   Partages proportionnels, alliages, règles de société.   148
    Exercices.   155
    *Problèmes divers posés aux examens d'instituteurs
    et d'institutrices*.   159

839-90 — Corbeil, Typ. et stér. de Crété.